LE DAHLIA.

PARIS. — IMPRIMERIE DE FAIN ET THUNOT,
Rue Racine, 28, près de l'Odéon.

LE DAHLIA.

HISTOIRE
ET CULTURE DÉTAILLÉE,

D'APRÈS LES AVIS ET PROCÉDÉS
DES MEILLEURS CULTIVATEURS;

PAR

AUGUSTIN LEGRAND,
Membre de la Société royale d'Horticulture de Paris.

A PARIS,
CHEZ L'ÉDITEUR DU BON JARDINIER,
RUE DU PAON, 8.

1843.

1642

INTRODUCTION.

Le dahlia tient à juste titre, sinon la première, du moins l'une des premières places dans nos jardins, dans nos salons, par la variété et la profusion de ses fleurs, l'élégance de leur forme, leur belle et large proportion, les couleurs si brillantes, si fines, si riches de ton dont elles resplendissent, comme par son port plus ou moins élevé, mais toujours plein de grâce et de fraîcheur.

Il n'est point de fleur, selon nous, plus digne d'être universellement répandue, plus capable d'éveiller en nous cette admiration que les merveilles de la nature nous inspirent.

En effet, quelle richesse, quelle splendeur éblouissante, le dahlia ne répand-il pas sur nos parterres, sur ces corbeilles de fleurs, sur ces beaux massifs de verdure, sur ces collections soignées que l'art se plaît à rassembler sous nos yeux! Entré dans le domaine de notre flore des jardins, le dahlia ne pourrait en sortir désormais sans y laisser un vide; il a pris rang pour toujours au milieu des plus belles fleurs; il n'a point à redouter les caprices dédaigneux de la mode; on ne le verra jamais, ainsi que l'*hortensia*, trôner quelques années par l'effet d'un certain engouement pour ne plus figurer que dans un petit nombre de jardins.

Ce que nous exprimons ici est également senti par tout le monde ; mais outre le sentiment général d'admiration, les amateurs et les connaisseurs distingués et instruits en éprouvent un autre plus vif et plus réfléchi ; ils savent apprécier l'art admirable qui a secondé ici la nature. Sans cette horticulture savante, qui enfante à chaque pas de nouvelles beautés, que serait le dahlia ? une fleur vulgaire. Son éducation brillante vérifie parfaitement l'idée naïve de *Bernardin de Saint-Pierre* qui nous dit : « La bonne nature fait présent à l'homme du bouquet, souvent dans le but de lui être utile ; c'est à lui à le faire valoir s'il veut en parer son habitation ou se procurer de douces jouissances. »

Est-il une source d'amusement plus pure et plus délicate que l'observation de la structure et du développement de notre belle fleur du dahlia ? Quoi de plus agréable et de plus intéressant que de contribuer soi-même à son éducation, et de s'emparer, comme le dit M. *Paxton*, des riches moissons de savoir et de plaisirs que présente chacune de ses parties.

Faut-il donc s'étonner de rencontrer tant d'admirateurs dévoués au culte de cette fleur, lorsque la science de l'horticulture est si intimement en rapport avec la botanique, qui elle-même se trouve placée au plus haut degré de l'intelligence humaine? Sa culture est donc devenue une rivalité pour le cultivateur commerçant. L'amateur, de son côté, s'en est fait une occupation délicieuse. Nos dames y consacrent également leurs loisirs. Elles se font gloire de leurs élèves. Elle est si belle cette fleur !... Elle s'harmonise si bien avec elles! Elle répond si bien à leurs désirs !

La possession de ces riches individus fera toujours grand honneur à l'homme de goût. Le public ne se lassera jamais d'admirer les magnifiques collections devenues si complètes par l'effet de l'émulation ; collections qui reposent toujours sur l'avenir pour les rendre encore plus riches et plus brillantes , car cette fleur, vrai Protée , se reproduit sous des formes et avec des couleurs de plus en plus séduisantes. On peut croire n'avoir point encore obtenu d'elle tout ce que l'on pourrait en désirer, ou plutôt tout ce que l'on saurait en imaginer.

Le dahlia, lors de son introduction en Europe, occupa beaucoup de savants botanistes français et étrangers. L'horticulture lui acquit une préférence qu'il méritait. Cette plante, depuis si longtemps en contact avec la science, l'art et l'industrie, a donné lieu successivement à des mémoires, à des observations très-judicieuses ; enfin , à une culture spéciale fort intelligente. Toutes les périodes de son existence ne sont qu'une suite de progrès satisfaisants : c'est ce que nous nous proposons de constater dans ce petit *Traité de culture spéciale du dahlia*, qui sera précédé de son histoire.

C'est faire justice que de mentionner d'abord les illustres botanistes qui ont si bien accueilli cette plante; de donner une idée de leurs premiers travaux ; d'indiquer tous les moyens employés par nos plus habiles horticulteurs depuis sa culture classique , pour propager et obtenir de nouvelles et toujours plus admirables variétés.

Notre ouvrage sera donc un résumé des longues observations de l'expérience. La pratique y consignera ses moyens d'exécution. C'est ici comme une mise en communauté de toutes les notions acquises. L'horticulteur n'a pu créer, multiplier, modifier ses procédés qu'avec le temps. Les observations des premiers ont servi de base pour apprécier celles des derniers ; mais, comme l'art de la culture ne peut avoir des principes absolus , ce sera à l'intelligence à faire son choix.

TRAITÉ

DE LA

CULTURE DU DAHLIA.

HISTORIQUE DU DALHIA.

Plante exotique. — Sa patrie.

Le dahlia est originaire du Nouveau-Monde. En 1803, MM. de Humboldt et Bonpland, naturalistes et voyageurs infatigables, descendant du plateau du Mexique du côté de la mer du Sud, se trouvèrent dans une espèce de prairie, ce qui se rencontre bien rarement sous les tropiques. Cette prairie était située à l'est du volcan de Jorullo, et assez près de Pascuéra, c'est-à-dire à plus de 2000 mètres au-dessus du niveau de la mer.

Là, nos illustres voyageurs remarquèrent des plantes qui leur étaient inconnues ; elles n'avaient pas (écrivait M. de Humboldt, du 20 octobre 1838) plus de cinq à six pouces de hauteur ; elles étaient en fleurs et portaient des graines mûres. Ils en augurèrent si bien que, malgré leur air sauvage et leur très-simple apparence, ils recueillirent de leurs graines, se proposant d'en enrichir nos jardins d'Europe.

Revenus à Mexico, ils apprirent que cette plante végétait en Espagne depuis quelques années ; ils ne pensèrent plus qu'à répandre leurs graines plus universellement pour en obtenir des variétés.

Il est de fait que cette plante, ou plutôt ses graines avaient été adressées, en 1791, par M. Vicentes-Cervantes, directeur du jardin botanique de Mexico, à M. Cavanilles, aussi directeur du jardin botanique à Madrid. Ces graines donnèrent des fleurs simples en 1792. Cavanilles en forma un genre qu'il désigna sous le nom de *dahlia*, désirant ainsi éterniser son estime pour M. *Dahl*, botaniste suédois.

Parvenu également en Allemagne sous ce nom, le dahlia y fut parfaitement accueilli ; mais, par un de ces faits qui ne se reproduisent que trop souvent pour embrouiller les nomenclatures en botanique, Wildenow lui imposa un autre nom que celui qu'il avait reçu en Espagne ; il le nomma *géorgina*, en le dédiant à M. Géorgi, professeur de botanique à Saint-Pétersbourg.

Wildenow, en exprimant un sentiment d'amitié, eut encore, à ce que l'on dit, l'intention de remédier à cet inconvénient que nous venons de signaler ; car il existe aussi, venant du pays des Illinois, une très-jolie plante légumineuse à fleurs pourpres qui forme le genre *dalea*, consacré par Thunberg à M. Dale, botaniste anglais. Le nom de géorgina n'a pu prévaloir que dans le nord de l'Europe, malgré l'assentiment de beaucoup de botanistes ; dans le Midi, en France, en Angleterre, celui de dahlia a été conservé à notre plante mexicaine.

Un fait assez curieux pourrait faire croire que cette

plante croît aussi à la Chine. Cette croyance, toutefois, ne serait fondée que sur une similitude. Napoléon donna, en 1804, à madame de Brienne une tenture en soie venant de la Chine où l'on voyait une grande quantité de fleurs et d'oiseaux naturels à ce pays. Parmi les plantes, on remarquait diverses espèces de pivoines herbacées et en arbre, ainsi que des *magnolia* et une grande variété de *camélia*; enfin, des *dahlia* doubles et de différentes couleurs s'y faisaient distinguer, *le bleu excepté*. Personne, à ce que nous sachions, ne l'a vu dans cette contrée ou ne l'a importé en Europe. (Ce fait est rapporté par M. le comte Lelieur.)

Le Jardin des Plantes de Paris ne posséda le dahlia qu'en 1802; il lui fut adressé directement d'Espagne. Il vint ainsi augmenter la grande famille des plantes exotiques, qui retrouvent leur propre climat dans ce magnifique établissement. En raison de son origine tropicale on le plaça dans les serres chaudes, on le soumit à la culture *classique*. Ce n'était point là qu'il pouvait se produire avec tous ses avantages; car, dans un établissement aussi cosmopolite, aussi universel, il est de toute impossibilité de s'occuper des variétés d'un genre quelconque.

André Thouin, habile et modeste cultivateur, lui prodigua tous ses soins, et avec d'autant plus d'intérêt que la plante lui avait été annoncée et préconisée comme doublement merveilleuse, se trouvant pourvue de racines tuberculeuses et alimentaires, et d'une tige portant nombre de fleurs fort belles. Il n'y avait là rien d'impossible; la beauté dans les végétaux n'exclut pas toujours la bonté. Pendant un assez long temps ce ne fut qu'un concert de louanges pour ces deux qualités désirables; mais enfin il fut reconnu que la racine du dahlia ne pouvait être admise dans l'économie domestique. Cette méprise ne fut point un échec ni une humiliation pour le dahlia. Échappé aux investigations de la science gastronomique, il tomba avec plus de bonheur dans les mains des horticulteurs, qui prévirent ce qu'il deviendrait un jour. Effectivement, l'art est parvenu à le placer sur le brillant théâtre qui lui convenait.

Le mérite perce tôt ou tard; il ne lui faut qu'une occasion favorable : hé! que ne peut aussi l'industrie des hommes soutenue par la science! Cet heureux accord n'est-il pas le véritable mobile de ces progrès toujours croissants qui ajoutent tous les jours à nos jouissances dans tous les genres?

LE DAHLIA EN EUROPE.

Étude botanique. — Culture classique.

Le dahlia appartient à la grande famille des radiées. C'est une plante herbacée. La tige, creuse et ramifiée dès sa base, s'élève jusqu'à la hauteur de six pieds, et même davantage. Ses feuilles sont d'un vert gai en dessus, et d'un vert pâle en dessous; leurs pédoncules sont sillonnés en forme de gouttières, ce qui prouve, nous dit Bernardin de Saint-Pierre, que la plante est née sur un sol très-sec et fort élevé; dans cette catégorie de plantes alpines, les feuilles étant ainsi disposées par la prévoyante nature pour recueillir précieusement les eaux rares et les conduire immédiatement vers la racine. Cette tige se termine par des fleurs grandes, de couleurs très-variées, portées sur de longs pédoncules ; elles sont composées d'une rangée de demi-fleurons ; le milieu ou disque de la fleur est occupé par une multitude de fleurons d'un jaune doré ; son diamètre est de trois à quatre pouces, et plus.

La plante est vivace par sa racine ; elle est annuelle par sa tige ; cette racine se compose de gros tubercules fusiformes, réunis en faisceaux attachés au collet de la plante (pl. I, fig. 1). André Thouin (1804) pensait que ces tubercules pouvaient contenir une substance farineuse, une fécule propre aux arts, comme dans le topinambour, si toutefois il se trouve réellement de la fécule dans cette racine. Cette qualité alimentaire fut attribuée au tubercule du dahlia pendant longtemps par beaucoup de botanistes, et par le public qui les crut sur parole. On disait qu'au Mexique cette racine, cuite sous la cendre, servait d'aliment, et on pensait qu'une fois acclimatée et perfectionnée par la culture, elle pourrait devenir d'une grande ressource pour la nourriture de l'homme, ou au moins pour celle des animaux. Cette espérance fut déçue, et le contraire fut prouvé dès 1810 par le professeur Decandole, qui l'avait soumise à beaucoup d'expériences sans résultat satisfaisant. Cette racine ne contient qu'un fluide d'une saveur poivrée et repoussante.

Notre habile physiologiste avait observé avec attention la nature de ces tubercules. Ils ne lui semblaient pas conformés comme beaucoup d'autres, ce qui lui fit dire, sans toutefois développer toute sa pensée : « Il ne faut pas confondre avec le nom de tubercule des *organes radicaux* qu'il faut étudier séparément et avec soin. »

Cette étude a été faite par M. le professeur Richard; il en résulte que la racine de dahlia devrait se nommer *tubériforme*, et non pas tubercule.... Il s'en explique ainsi :

« J'appelle racines tubériformes celles qui sont renflées en forme de tubercules : telles sont celles du *dahlia*, des *pivoines*, de la *filipendule.* Il ne faut pas confondre les racines tubériformes, qui ne sont que des fibres radicales plus ou moins renflées, quelquefois dans presque toute la longueur, comme dans la *filipendule*, avec les véritables tubercules. Ces derniers naissent constamment sur des portions de tiges souterraines, et leur caractère essentiel et physiologique, c'est qu'ils contiennent de véritables bourgeons qui doivent se développer à l'air : tels sont la *pomme de terre*, les tubercules des *orchis.* »

Fleurs simples.

Voilà la plante, botaniquement parlant, telle que la nature l'a constituée; voyons actuellement ce qu'elle deviendra au moyen de la culture classique.

Cavanilles avait distingué trois espèces de dahlias; les premiers qui fleurirent en Europe Pl. II.

1° Dahlia pourpre, feuilles opposées, hémipari-pinnées, pinnules à cinq divisions ovoïdes, dentées en créneaux.

2 Dahlia (ponceau), feuilles bipinnées, à divisions ovales, arquées, dentées.

3° Dahlia (rose), feuilles opposées, coniques, hémi-pari-bipinnées, les subdivisions alternent le plus souvent.

Cavanilles caractérisait ces plantes par la forme des feuilles, ce qui n'avait rien de très-positif. L'état où se trouvait la fleur est bien différent de celui où nous la voyons aujourd'hui. Par l'effet de la culture, on ne distingue presque plus le disque, et les ligules, imbriquées à l'infini, présentent un tout admirable.

Dès le premier coup d'œil on fut d'accord sur les caractères du genre; on ne l'a pas été autant sur le nombre et la vraie distinction des espèces qui le composent.

Wildenow (*Hortus Berolinensis*) réduisit les trois espèces à deux, qu'il distingua par la *tige nue* et par la *tige poudrée*. En définitive, Brown, Hunth et beaucoup de savants botanistes pensèrent que les espèces de Cavanilles et celles de Wildenow n'étaient que des variétés d'une seule et même espèce. On verra qu'ils étaient dans le vrai. On peut citer déjà à l'appui de leur opinion, une observation du respectable M. Lelieur, qui n'avance jamais rien sans avoir pratiqué lui-même. Il dit avoir obtenu le dahlia poudré en semant des graines de dahlia *nu*.

Des trois prétendues espèces de Cavanilles, le dahlia rouge mordoré (*variabilis*) est la seule variété reconnue aujourd'hui d'où proviennent toutes nos variétés actuelles; les autres lui sont inférieures, elles produisent beaucoup moins de variétés.

Quoi qu'il en soit de ces genres reconnus pour des

variétés, il n'existe pas moins très-réellement des différences remarquables entre leurs tiges, différences fort appréciées même aujourd'hui. Ce que Wildenow nomme tige poudrée est effectivement couverte d'une poussière glauque, lorsque la tige nue en est absolument dépourvue. Les tiges diffèrent encore entre elles soit en hauteur, soit en couleur, soit en grosseur; le feuillage est également si diversifié par sa forme, et dans tout son ensemble qui présente des masses de verdure plus ou moins nourries, qu'il nous semble à propos d'en faire ici une légère mention, car, si la fleur du dahlia est notre objet principal, le port de cette plante et son feuillage ne doivent pas moins se trouver en harmonie avec elle.

Le professeur Decandole, l'un des premiers qui étudièrent en France cette plante, confirme la distinction du dahlia établie par Wildenow et la lie à un caractère plus important. Il avait remarqué que les dahlias dont la tige est dépourvue de poussière glauque, ont les fleurons extérieurs munis d'un pistil, tandis que ceux dont la tige est couverte de poussière glauque, ont les fleurons extérieurs stériles. Mettant à profit cette observation, il a mis, le premier, quelque ordre dans les nombreuses variétés de ces deux espèces. En voici le tableau et la synonymie.

La première *race*, celle dont la tige est nue, se compose de tiges élevées, plus robustes que toutes les autres. Elles sont souvent rougeâtres et quelquefois couvertes de petits poils. Les feuilles, grandes, fort peu divisées, sont d'un vert foncé; les fleurons de la couronne sont pourvus d'un style moins développé. Les variétés qui se rapportent à cette race sont :

1° Le dahlia *rouge* ou *mordoré* (*variabilis*), qu'il faut distinguer du pourpre. Les fleurs de son rayon ont le limbe proportionnellement plus ovale et plus court que le limbe de tous les autres ; il pourrait mériter le nom d'espèce.

2° Le dahlia *pourpre*. Ses demi-fleurons sont plus longs que la précédente variété, et beaucoup moins longs que ceux de celle qui suit et auxquels ils ressemblent cependant par la forme ; il double avec une grande facilité.

3° Le dahlia *lilas ;* c'est le rose de Cavanilles ; c'est le plus rustique de tous. La sommité des tiges est un peu velue.

4° Le dahlia *pâle* ; plus petit que les précédents ; le pâle tire sur le rose. Ses demi-fleurons sont moins longs et moins étalés que dans la variété lilas.

5° Le dahlia *jaune ;* demi-fleurons tantôt d'un jaune soufré, tantôt d'un jaune un peu mêlé de rose.

Il est à remarquer ici que la couleur de cette race variant constamment du pourpre au jaune, il n'est pas probable que l'on puisse jamais en obtenir la couleur bleue. (Voir l'article COULEURS.)

Les variétés de la seconde *race*, à tige poudrée, sont plus basses, plus délicates que les précédentes. Leurs feuilles sont plus petites, plus divisées ; elles sont aussi d'un vert plus clair ; demi-fleurons dépourvus de pistils. Cette *race* comprend les variétés suivantes :

1° Le dahlia *ponceau ;* fleur assez grande tirant sur l'oranger.

2° Le dalhia *couleur de feu ;* fleurs moitié plus petites que celles du dahlia ponceau.

3° Le dahlia *jaune pur;* fleurs de la même grandeur que dans la précédente; couleur plus intense, plus citrine que dans la variété jaune de la première race.

Ces huit variétés offrent chacune une sous-variété, parce que leurs fleurs sont toutes susceptibles de doubler à la façon ordinaire des radiées, savoir : parce que leurs fleurons centraux se fondent, s'allongent en demi-fleurons de la même couleur que ceux du bord*. C'est ainsi que, par le doublement à l'infini, le dahlia est parvenu à ce degré de beauté qui motive le goût des amateurs pour une fleur *pleine* bien conformée. (Voir le mémoire de Decandole. Annales du Muséum d'hist. nat.)

Le dahlia, parvenu en Europe en 1789, y fleurit pour la première fois en 1791. Cavanilles adressa en 1802 ses prétendues espèces au Jardin des Plantes de Paris, à André Thouin, et à Decandole à Montpellier. Né sous le tropique, le dahlia fut traité conséquemment comme une plante de serre chaude, ou au moins de

* On sait que la fleur radiée est composée tout à la fois de fleurons et de demi-fleurons ; ceux-ci, toujours placés à la circonférence, étalent ordinairement leurs *languettes* en manière de rayons. Les demi-fleurons ou rayons sont le plus souvent femelles, et plus rarement stériles ; les fleurons sont hermaphrodites, ou bien ceux du pourtour avoisinant les demi-fleurons sont femelles. On reconnaît qu'un fleuron hermaphrodite est stérile à l'imperfection manifeste de son pistil, ou à la disproportion qu'il y a entre les parties de celui-ci et celles du pistil des autres fleurons fertiles. Un horticulteur doit beaucoup s'exercer dans l'examen de ces fleurons, s'il est dans l'intention de féconder artificiellement ses fleurs. Voici la forme de ces divers fleurons ou *ligules,* ou languettes, *ligula*, de *lingua*, langue : Pl. II, fig. 3, demi-fleuron stérile ; fig. 4, demi-fleuron hermaphrodite ; fig. 5, demi-fleuron femelle ; fig. 6, demi-fleuron mâle ; 6 A, graine.

bonne serre tempérée pendant tout l'hiver à Paris, à Montpellier et partout ailleurs, et, suivant *le Botaniste cultivateur* de 1801, « dans la serre chaude en mai, dans la serre tempérée en juin, puis toujours en pots au pied d'un mur à l'exposition du midi, ou bien en pleine terre pour mieux opérer sa naturalisation. »

Thouin ne dérogea pas à cette culture classique; il maintint ses pots à une température de 12 à 15 degrés de chaleur. Mais à Montpellier, dont la température est naturellement douce, Decandole, qui probablement avait plus étudié l'organisation de la plante, la retira de la serre chaude après un an d'épreuve pour la placer en pleine terre où elle réussit très-bien, moyennant quelques précautions pour son exposition et pour la conservation de ses racines. Si, à l'exemple de Decandole on eût étudié plus soigneusement cette plante, on se serait épargné bien des peines, mais alors on ne sortait pas du système adopté pour naturaliser ou acclimater une plante exotique.

Présentement on croit avec assez de raison qu'une plante qui, par sa nature, ne peut supporter tel degré de froid, ne pourra jamais être amenée à l'éprouver sans risque. Cette plante, sans volonté aucune, ne saurait se résigner à supporter ce qui lui est contraire, surtout si la nature n'a pas mis son organisation en mesure de résister aux éléments. Le dahlia sera donc toujours sensible aux froids rigoureux, inconnus sous son climat naturel, ainsi que les balsamines et autres plantes. Il faut donc que le régime qu'on lui impose soit constamment analogue à son organisation, sauf plus ou moins de modifications, c'est-à-dire de la chaleur à propos et de l'air convenablement.

M. de Humboldt, en 1803, avait expédié ses graines au Jardin des Plantes de Paris, à la Malmaison et à M. Otto, de Berlin. Ces graines produisirent beaucoup de variétés. M. Otto obtint un dahlia cocciné; il avait reçu précédemment de Dresde des tubercules du pallida et du purpurea. En 1806, le jardinier de la Malmaison adressa au jardin fleuriste de Saint-Cloud trois sortes de dahlias, le cocciné, le pourpre et le jaune à tige grêle, toujours comme étant trois espèces distinctes. Les graines qui en provinrent, ainsi que celles récoltées sur trois pieds de doubles, seules connues alors, savoir : le pourpre foncé, le rose hortensia et le jaune nankin, furent semées. Mais quelle fut la surprise lorsque, parmi le semis offrant grand nombre de variétés, on ne rencontra ni cocciné, ni jaune, ni double; on n'y remarqua que les pourpres, les cramoisis, les nankins. Il ne se trouvait donc pas là d'espèces, mais seulement des variétés. Ce ne fut qu'après trois années qu'ayant rapproché les porte-graines les uns des autres, dans l'espérance que les croisements se feraient plus utilement, on put obtenir d'année en année des nuances dans les couleurs, et même des formes qui parurent merveilleuses, notamment le dahlia blanc de neige, qui aurait pu passer pour une espèce, si on n'eût pas connu son origine.

Malgré tous les essais, la fleur restait simple, c'est-à-dire n'ayant que plus ou moins de fleurons ligulés à la circonférence.

Vers 1817, on adressa quelques-unes de ces variététés à M. Sabine, secrétaire de la Société d'horticulture à Londres. Elles furent parfaitement accueillies par le public, et vues avec assez d'indifférence par beaucoup de botanistes. Enfin, le dahlia, un peu négligé, se montra de nouveau si supérieurement beau par les soins des cultivateurs anglais, qu'il fait aujourd'hui leur gloire et les délices des amateurs.

M. Ternaux, de Paris, obtint dans son jardin d'Auteuil, par les soins de Vassey, son jardinier, un grand nombre de dahlias à fleurs doubles, c'est-à-dire à réceptacle commun, ne contenant que des fleurons à pétales ligulés ou tubulés, et à fleurs semi-doubles. Cependant les semis du fleuriste de Saint-Cloud, qui étaient les mêmes que ceux d'Auteuil, n'offraient toujours que des fleurs simples, et ils n'en ont offert de doubles qu'en 1817.

Ces différences ont donné lieu à des observations qui devaient profiter à la culture spéciale du dahlia, ainsi que nous le verrons. L'expérience des premiers vint en aide aux seconds pour assurer la pratique.

Des cultivateurs hollandais, plus heureux, obtinrent dans leurs semis beaucoup de variétés à fleurs doubles. M. Soutif, jardinier très-intelligent à Passy, et qui jouit très-honorablement de ses succès, s'en procura des graines, et réussit également à se procurer de très-belles variétés qu'il mit loyalement dans le commerce.

Ainsi s'étaient écoulées dix-sept années dans des tâtonnements continuels. Ce fut seulement à cette époque que les dahlias à fleurs simples firent place définitivement aux variétés à fleurs semi-doubles, doubles, enfin aux fleurs pleines.

Fleurs semi-doubles.—Doubles.—Pleines.

Il paraissait assez singulier que le même semis effectué à Saint-Cloud et à Auteuil simultanément ne donnât pas le même résultat, ainsi que nous venons de le raconter. Il fallut en conclure que cela provenait de la nature des terrains. Effectivement, c'est que la graine récoltée dans une terre forte, celle de Saint-Cloud, contenant le principe de beaucoup d'étamines, tendait fortement à la reproduction, effet unique des fleurs simples; et que tout au contraire, celle récoltée dans un terrain léger et même pauvre, tel que celui d'Auteuil, ne devait donner que des produits avortés dans leurs organes générateurs, conséquemment des fleurs doubles. Il est encore à remarquer que le terrain où l'on sème ne peut changer ni le fond de la couleur ni la forme de la fleur renfermée dans la graine, mais qu'il peut seulement modifier ou amoindrir la fleur et la plante.

Dans le nord de la Grande-Bretagne, M. Wedgwood fit aussi des essais sur le dahlia, et son talent connu lui fit surmonter les obstacles que devait lui opposer ce climat rigoureux. D'abord il n'obtint que peu de fleurs et beaucoup de feuillage, parce qu'il maintint sa plante trop longtemps dans la serre. En septembre la gelée la surprit.

Au midi, ce fut bien différent; M. Decandole, qui ne devait éprouver à Montpellier, dans la saison la plus froide, que des gelées dont la plus forte ne fait pas descendre le thermomètre de Réaumur au-dessous de six degrés, jugea convenable de laisser ses tubercules en pleine terre, toutefois en les abritant sous une épaisse feuillée sèche. Il avait bien apprécié l'organisation de la plante.

C'est ainsi que le dahlia s'est propagé assez lentement. Ses habitudes originelles ont enfin été reconnues. Le régime des serres n'est plus applicable qu'à sa multiplication, boutures ou greffes, pour hâter sa végétation. L'air et la pleine terre lui ont été rendus. L'expérience l'a soumis à une culture spéciale dont nous allons nous occuper.

En résumé, nous devons beaucoup à la science du botaniste; entre ses mains, la plante s'est développée dans toute sa simplicité. Qu'était le dahlia en Amérique ? qu'est-il dans nos magnifiques jardins ? C'était une petite plante herbacée sortant des mains de la nature, jetée au hasard et sans préférence au milieu de mille autres aussi simples qu'elle. Elle eût végété sur cette terre natale et s'y fût reproduite sans éclat.... On l'introduit en Europe, on la soigne, on obtient des variétés ; elle s'élève à six et à sept pieds de hauteur ; elle prend rang dans nos familles naturelles ! Le botaniste cultivateur a noblement rempli sa tâche.... elle existe vigoureuse. C'est actuellement à l'horticulteur à embellir cette existence. Tous les jours nous admirons le zèle et le talent qu'il y déploie. Si l'art préside à ses inconcevables métamorphoses, le goût le dirige éminemment.

Qu'a donc de si merveilleux cette culture ? dira l'homme insouciant et fort peu connaisseur.... Voyez, lui dira-t-on, ces fleurs nombreuses peintes parfois d'un coloris vermillon, nuancé de grenade, centre légèrement ombré de noir, trois à quatre pouces de diamètre, forme sphérique et très-bombée, ligules en cornets très-fins, se présentant graduellement sur environ trente-cinq rangs : comprenez-vous, trente-cinq rangs, comme imbriqués et dans un ordre admirable !... Ce n'est pas tout que cette magnificence actuelle ; chaque saison ne développe-t-elle pas quelques particularités de formes, de couleurs ?... Amateurs, cultivateurs, il faut dire avec M. Paxton : Ou cela finira-t-il ? quel avenir de jouissances !

CULTURE SPÉCIALE DU DAHLIA.

L'objet et le but de la culture spéciale du dahlia sont de se procurer de belles fleurs, des sujets distingués au moyen d'une éducation très-soignée, et en même temps de multiplier autant que possible les variétés pour satisfaire les amateurs et les connaisseurs, ainsi que le commerce.

Élever et multiplier c'est chose inséparable pour l'horticulteur. Mais la propagation est tellement urgente, surtout pour le commerce, qu'elle commence pour le dahlia presque au moment où il entre en végétation ; on est même forcé de la provoquer par des moyens artificiels dès le commencement de l'année.

Nous allons examiner en premier lieu les éléments de cette éducation, savoir : la *température* et le *sol* qui conviennent à cette plante. Nous traiterons ensuite de sa *végétation* et de ses moyens de *reproduction*, de son *développement*, de sa *floraison*, enfin de toutes ses *perfections*.

Température.

La température propre au dahlia en Europe a été, comme nous l'avons vu, longtemps problématique. Il est de fait que le Mexique, sa patrie, étant placé sous le tropique du cancer, doit nécessairement comporter un degré de chaleur beaucoup plus considérable que celui que nous éprouvons habituellement en France. Cette première considération a dû assujettir, tout d'abord, cette plante tropicale au régime de la serre chaude. Cependant, si l'on eût observé qu'elle croît sur des montagnes fort élevées, on aurait pu penser que sa température climatérique pouvait être très-modifiée. Mexico est sous le vingtième parallèle de latitude septentrionale, dans la zone torride, mais à 1,168 toises au-dessus du niveau de la mer. Si le climat y est doux et tempéré habituellement, les vents orageux du nord, parfois, n'y causent pas moins un froid assez piquant ; il y tombe de la neige. Pouvons-nous rigoureusement nous régler sur cette latitude de dix-neuf à vingt degrés, pour déterminer sa température, car le volcan de Jorullo, voisin de notre dahlia, est sous le dix-neuvième parallèle ? Sans aucun doute le degré fait connaître le climat ; mais, sous ces degrés, n'existe-t-il pas partout des différences occasionnées par des montagnes, un courant d'air, la nature du sol, le voisinage d'une forêt, celui de la mer, etc. ; différences qui toutes influent sensiblement sur la température d'un lieu quelconque. Ne voit-on pas, à l'inspection de la carte, que dans l'Amérique septentrionale, la température entre le trente-sixième et le quarante-cinquième degré est la même que celle du cinquantième en France ? Il y est donc possible de cultiver en pleine terre toutes les plantes qui croissent dans cette latitude du Nouveau-Monde. Les régions élevées offrent aussi à peu près le même degré de froid que l'on éprouve sur toutes les zones en descendant du pôle vers l'équateur ; ce qui fait qu'elles présentent souvent les mêmes végétaux, ou au moins des plantes congénères.

Il ne faut pas croire non plus, d'après ces observations, que le dahlia puisse vivre partout en pleine terre sur notre sol, sans exiger aucun soin, aucune précaution. Au midi de la France, il lui faut une exposition convenable et particulière qui ne lui conviendrait pas dans le nord et même aux environs de Paris. Ses racines, il est vrai, peuvent rester en terre pendant l'hiver, mais il faut les garantir, et cependant le froid du midi est fort peu intense ; au nord, où il règne plus rigoureusement et pendant bien plus de temps, il faut prendre de plus grandes précautions.

Chez nous, les chaleurs de l'été suffisent au dahlia pour se produire avantageusement, mais il redoute les gelées précoces, et à plus forte raison ce grand froid, ce froid persévérant qui ne peut l'atteindre sous son parallèle. Ses racines, qui n'y gèlent jamais, en sont une preuve. Dans nos contrées, un froid de plus de cinq degrés les gèle dans l'espace d'une seule nuit. Eh ! ne voit-on pas assez communément jaunir et languir la plante sous une température de sept à huit degrés au-dessus de zéro !

La culture de serre n'est donc convenable que pour

la multiplication précoce de l'individu. L'air libre bien ménagé est ce qui lui convient le mieux, sauf les accidents à prévoir.

C'est ainsi, dit notre oracle M. Lelieur, qu'il ne faut pas toujours supposer au climat l'influence matérielle qu'on semblerait devoir lui attribuer. Il faut préalablement se rendre compte de tout ce qui peut modifier cette influence lorsqu'il s'agit de gouverner une plante étrangère.

Sol convenable au dahlia.

De quelle nature est le sol vierge où croît le dahlia? nous l'ignorons. Aucun botaniste ne nous en instruit; nous sommes encore aux conjectures. M. de Humboldt trouva cette plante à une hauteur considérable au-dessus du niveau de la mer, et au milieu de montagnes très-élevées, dans une plaine qui lui parut avoir le caractère d'une prairie, phénomène, dit-il, qui se rencontre rarement dans un pays dont les plaines sont communément assez sablonneuses. Il reste donc à croire que celle-ci fait exception en réunissant une terre sablonneuse et une terre analogue à celle des prairies. En admettant cette modification, on doit conclure que le dahlia réclame une terre légère et en même temps généreuse.

Sans doute ceux qui prétendent que le dahlia peut croître dans toutes les terres et sous toutes les expositions, n'ont pas fait ces réflexions. Oui, le dahlia vient partout bien ou mal, suivant la nature du sol où le hasard le place. J'en ai vu, même de fort beaux, autour de la chaumière d'un paysan. Ils étaient là pour lui réjouir la vue. J'en ai vu sur le bord d'un ruisseau ; ils s'y reflétaient avec grâce. Mais ces cultures sauvages et agrestes ne sauraient convenir à un amateur, à un homme de goût ; c'est trop peu pour lui. Il exige de la nature de plus belles parures, de plus belles fleurs.

Thouin fut l'un des premiers qui émirent quelques idées sur la nature de la terre propre à cette culture. Il conjectura, d'après la consistance des racines du dahlia, qu'une terre profonde, argileuse, mêlée de gros sable, lui convenait, et qu'en raison de cette quantité de fanage qu'il fournit pendant sa végétation rapide, cette terre devait être riche en humus. Il conclut qu'elle devait peu différer de celle que l'on compose pour les orangers. Ce n'était pas là, comme on voit, le dernier mot de l'expérience pratique.

M. Dahl nous dit aussi que le terrain le mieux adapté à la culture de cette plante est une terre franche, de couleur jaune. Si elle est récemment levée de la pelouse, elle n'en sera que plus favorable.

Ces données sont aujourd'hui très-insignifiantes. Une longue pratique en horticulture peut seule conduire à la perfection, non sans peine, car l'expérience a toujours à redire, à refaire... Cette plante languit, s'épuise, elle n'aura qu'une très-courte durée... c'est qu'elle occupe un sol trop léger ; la chaleur, en temps de sécheresse, la pénètre trop facilement.... Cette autre plante n'a obtenu qu'une végétation luxuriante, son fanage est superbe et sa floraison chétive ; son terrain était donc par trop humide, etc.

Les terrains ingrats ne manquent pas. Signalons-en deux absolument incapables de produire un beau dahlia, peut-être que le terrain intermédiaire pourrait, à la rigueur, lui suffire pour végéter tout simplement.... Mais non, il lui faut un sol plus spécial.

Ces deux mauvais terrains advenant, il faudra les changer en totalité ou en grande partie. Les soins, les dépenses, le travail ne doivent point arrêter le cultivateur qui aime son art. La peine n'en est plus une lorsqu'il a réussi, et qu'il peut considérer avec joie, avec orgueil la beauté de ses plantes, la supériorité de ses fleurs.

L'un de ces terrains pourrait être extrêmement léger, friable et pourvu d'une trop grande quantité de matières végétales en décomposition; l'autre, au contraire, pourrait être d'une contexture très-serrée et adhérente, susceptible encore de retenir l'eau. Ces deux terrains seront peu favorables à notre plante; en voici la raison : dans le terrain d'une nature adhérente, la racine tubériforme étant beaucoup trop comprimée, ne peut se développer avec facilité; elle éprouve trop de froid et d'humidité constante par l'effet de la maigreur de cette terre. La plante ne reçoit qu'une nourriture chétive qui est promptement absorbée, quoique avec beaucoup de difficultés, par les fibres et petites racines; nourriture tout à fait insuffisante pour le développement convenable de toutes les parties de la plante.

Dans le terrain d'une nature légère et friable, que peut-on espérer ? Beaucoup trop poreux, il ne peut retenir l'eau et s'imbiber suffisamment par un temps sec, et conséquemment se maintenir frais pendant de longues sécheresses. Les racines prennent une extension extraordinaire en raison de la richesse de l'humus, et la séve profite fort peu aux autres parties de la plante... Voilà le mal ; voyons quel en serait le remède.

Pour réduire cette terre argileuse et humide à un état de friabilité convenable, on peut employer du sable de rivière et les ratissures des allées, le sable en plus grande quantité ; ce mélange, fait vers l'automne et bien souvent retourné, on le portera en novembre sur le terrain à bonifier ; on l'étendra sur trois pouces environ d'épaisseur, puis l'on donnera un labour profond. Chaque sillon devra rester élevé en position inverse, et l'on tâchera de conserver cette terre en mottes autant que possible. Qu'elle repose ainsi jusqu'au printemps ou fin de mars, exposée à l'action de l'air et des gelées ; à cette époque de mars, on y déposera une nouvelle couche du premier mélange sur l'épaisseur de deux pouces, puis on donnera un labour profond pour que l'air puisse pénétrer plus intimement. Cette terre, ainsi préparée, reposera jusqu'au mois de mai, temps de la plantation des dahlias ; alors on la bêchera superficiellement, c'est-à-dire qu'elle sera seulement piquée à la bêche. Une fois le sable bien mêlé à la terre, on la travaillera très-facilement la saison suivante. Elle s'améliorera ainsi chaque année, le dahlia s'y montrera sensiblement plus parfait. Après cette opération, la terre, devenue plus friable, exigera une petite quantité de terreau bien consommé. Le fumier de feuilles sèches, parfaitement décomposées, deviendrait en ce cas un riche engrais qui rendrait de plus en plus la terre plus légère et plus friable.

Il est bien plus difficile de rendre friable une terre

adhérente que de rendre adhérente une terre naturellement faible et légère. Pour ce dernier terrain, il faut nécessairement apporter et mêler de la terre plus compacte, puis n'employer que la quantité d'engrais nécessaire à la récolte que l'on désire obtenir.

On peut pourtant obtenir des succès dans les terres les plus légères, dans des sables fins peu mêlés d'humus ; mais alors il faut fumer suffisamment et arroser beaucoup, car les arrosements et les pluies seront bientôt absorbés à la fois par l'air et par le sous-sol.

Quant aux terrains qui ne tiennent rien de ces deux natures extrêmes, on peut les amener très-facilement dans les conditions désirables pour la culture de notre plante, moyennant quelques modifications que l'expérience indiquera.

En résumé, une terre convenable au dahlia, suivant nos plus habiles praticiens, se compose de terre franche légère, à laquelle on joint, pour moitié au moins, un terreau mi-passé provenant de fumier de cheval, comme de coutume pour les terrains frais, et de fumier de vache pour ceux qui sont plus arides.

Si la terre franche était trop compacte, il faudrait la modifier en n'admettant qu'un tiers de terreau et un second tiers de terre légère de jardin. Le tout doit être bien mélangé. Nous estimons beaucoup le terreau provenant de feuilles mortes parfaitement décomposées, c'est le plus naturel.

VÉGÉTATION. — PROPAGATION.

La végétation du dahlia se manifeste au commencement de la belle saison. La tige ou les tiges s'élèvent au-dessus du couronnement du tubercule, jamais au-dessous. Pl. III ; B, pousse pour greffe ou bout C, pousse déjà amputée.

Personne n'ignore que le moyen de multiplication le plus facile et le plus naturel dans les végétaux est celui qui a lieu au moyen des graines; mais il en est encore d'autres que l'art de la culture a mis à contribution.

Pour notre dahlia, ces moyens sont : 1° le SÉPARAGE des tubercules, plus exactement des racines tubériformes ; 2° les GREFFES ; 3° les BOUTURES sur tubercule pour conserver et propager les variétés anciennes ; 4° les SEMIS pour en obtenir de nouvelles.

Ces divers moyens de propagation ne peuvent réussir parfaitement qu'à l'aide de soins assidus et intelligents. L'essentiel est de garantir ces très-jeunes créatures de l'industrie de tout accident quelconque, jusqu'au moment où on les placera en pleine terre. Cette éducation devra être encore plus soignée lorsqu'on se trouvera dans la nécessité de forcer leur végétation avant la saison qui, naturellement, doit émouvoir leur séve et l'activer. C'est alors qu'il faut avoir recours aux serres chaudes, aux couches sourdes, aux châssis et aux cloches.

SÉPARAGE DES TUBERCULES.

Premier moyen de multiplication.

L'amateur qui se contente d'une belle collection, le cultivateur qui n'a point à répondre à de nombreuses demandes, peuvent fort bien attendre que les racines aient commencé à germer dans le lieu où ils les avaient déposées l'année précédente, pour opérer le séparage de ses tubercules, dans l'intention de se procurer de nouveaux sujets. Si, cependant, on désirait en jouir un peu plus tôt, on placerait, vers la mi-mars, ces racines à une exposition du midi, dans un lieu abrité par une muraille, prenant soin de les garantir, au moyen de paillassons, de l'inconstance de la température du moment, c'est-à-dire des gelées de nuit ou des grandes ardeurs du soleil, ou des pluies froides et abondantes.

Il résulte de cette manière naturelle de germer, que la plante acquiert une grande force qui la met en état de fleurir beaucoup mieux que celle dont le développement a lieu dans la même année par des moyens forcés ou artificiels.

Voici en quoi consistent ces moyens forcés, qui, ainsi que nous l'avons déjà fait pressentir, ne paraissent convenir qu'à des cultivateurs commerçants qui opèrent sur une grande échelle; leur but étant d'obtenir grand nombre de boutures plutôt que des plantes hâtives. En effet, après avoir épuisé les tubercules qui produisent ces boutures, on n'a plus rien à en espérer.

Vers le mois de février, ou au commencement de mars, et même bien avant, on place ces tubercules sous un châssis vitré, et sur une couche de feuilles sèches sur laquelle on répand une certaine quantité de terreau composé de feuilles ou écorces décomposées, ou bien du sable seulement, observant toutefois de ne pas recouvrir les yeux du collet de la racine. La fermentation de la couche produira une chaleur douce et modérée; on y maintiendra une certaine humidité, on la provoquera même au besoin en arrosant légèrement avec une eau qui ne sera pas froide. Si la vapeur devenait grasse et trop épaisse, on donnerait un peu d'air pour la réduire et la rendre moins intense *. Cette chaleur douce fera germer favorablement en peu de temps la plante, et les yeux sortiront. Si cette chaleur était trop violente elle ferait pourrir les tubercules.

Si encore on veut se procurer plus de facilité lorsqu'il s'agira d'amputer les pousses destinées à faire des boutures, on placera les tubercules dans des pots, on les tiendra toujours en serre au moins tempérée, et près des châssis autant que possible, pour que ces jeunes plantes puissent jouir de la lumière, ce qui contribuera beaucoup à rendre les pousses fortes et bien portantes. Il n'y a rien de bon à espérer de celles qui se présentent longues et faibles. Les germes une fois développés sur la racine soit naturellement, soit artificiellement, on opère le séparage, et l'on procède à l'établissement des boutures, suivant l'époque convenable ou la destination préméditée.

* On aura soin de donner de l'air et d'ombrager à propos au moment du soleil, car on pourrait perdre toutes ses plantes par l'effet d'une chaleur excessive qui ne pourrait être supportée par les jeunes pousses.

On divise les racines en conservant à chacun des morceaux, tubercule entier ou portion de tubercule, un ou deux germes reproducteurs (*aa* Pl. I, fig. 2). L'opération terminée, on les place en pleine terre si la saison le permet, et encore sous la garantie d'une cloche ou d'un abri quelconque, cela par mesure de précaution ; ou bien on les met dans un pot pour les gouverner convenablement jusqu'au moment où leur placement sera définitif chez soi ou dehors.

Il faut observer que les expéditions en tubercules sont aujourd'hui moins usitées qu'autrefois. Les amateurs, il est vrai, pouraient jouir plus tôt de la plante ; mais, les demandes se sont tellement multipliées, que le cultivateur, pour y satisfaire, a dû recourir à de nouveaux moyens. Un pied de dahlia, le plus fort possible, ne peut se diviser qu'avec précaution ; qu'arriverait-il donc si le cultivateur ne possédait qu'un seul pied d'une belle variété très-recherchée? ses séparages ne pourraient satisfaire que bien peu d'amateurs, et que deviendrait le commerce de cette belle plante? Mais le cultivateur prévoyant aura pu, au temps de la floraison, remarquer et apprécier les plantes et les fleurs qui devaient obtenir le plus de succès et amener un plus grand nombre de demandes ; il aura donc pu bouturer à l'avance pour y répondre, de sorte qu'au printemps il se trouvera en possession d'un grand nombre d'auxiliaires de sa plante-mère.

Il commencera à préparer ses boutures, s'il a beaucoup à fournir, dès la fin d'octobre, mais il sera obligé de conserver avec beaucoup de soin en serre chaude les jeunes individus pour leur faire passer l'hiver.

GREFFE SUR LE TUBERCULE.

Deuxième moyen de multiplication.

Ce moyen de multiplication est d'un grand avantage dans la culture, en ce qu'il conserve et fournit à volonté des sujets qui ne pourraient se reproduire au moyen des graines.

L'opération de la greffe, en général, consiste à enter sur un individu un bourgeon ou jeune scion qui s'identifie avec le sujet sur lequel on le greffe pour s'y développer graduellement. Donc, la greffe ne peut réussir que lorsqu'elle a lieu entre des parties végétantes, entre des végétaux de la même espèce. La soudure des greffes, c'est-à-dire l'union entre les deux parties conjointes, s'opère au moyen du suc propre des végétaux, matière très-fluide que l'on nomme *cambium*.

La réussite de la greffe du dahlia dépend conséquemment du contact immédiat du rameau avec le tubercule greffé. Ce rameau ou cette pousse provient en premier lieu de la racine d'un sujet rare et distingué dont on a assez ordinairement provoqué artificiellement la germination ; car, bien que l'on puisse greffer le dahlia pendant toute la bonne saison, on le greffe aussi en hiver, en janvier, février. Comme il faut alors maintenir les greffes à une chaleur de dix à quinze degrés Réaumur, on a recours aux serres. Ces greffes ainsi hâtées n'ont d'intérêt que pour ceux qui ont besoin de beaucoup de pousses, au moyen desquelles ils peuvent façonner une grande quantité de sujets pour les livrer au commerce en mars et en avril.

En l'année 1813, M. le baron de Tschoudy publia un mémoire sur la greffe herbacée en général, où il fit sentir l'utilité de ce procédé, déjà connu cependant au 16e siècle, car J.-B. Porta, savant naturaliste napolitain, parle de cette greffe herbacée dans son ouvrage intitulé : *Villæ*, libri XII ; c'est une espèce de maison rustique, publiée à Francfort en 1592, in-4°.

M. Blake, cultivateur anglais, fut le premier qui, en 1824, appliqua cette greffe au dahlia sur un tubercule commun. Il importait de propager les dahlias doubles qui alors n'étaient pas communs. Il coupa sa greffe en coin d'un seul côté, ayant un bourgeon ou œil à son extrémité inférieure qui reposait sur le bord du tubercule. Il partit des racines de ce bourgeon, et la tige sortit de l'œil réservé au sommet.

Dans la saison rigoureuse, il est donc de toute nécessité de provoquer la germination de la plante pour se créer des greffes. On obtient des rameaux assez promptement en enterrant les tubercules que l'on destine à la multiplication dans une couche de terreau convenablement chauffée. Ces tubercules, chargés d'une petite étiquette en plomb et numérotée, se font aisément reconnaître. On suit avec attention la progression de leurs rejetons, et sitôt que l'on a obtenu des pousses munies de deux paires de feuilles, le bout terminal étant encore fermé, l'on procède à l'opération de la greffe.

D'un autre côté, on aura mis en réserve des tubercules quelconques, mais de préférence ceux à col très-mince (Pl. IV, fig. 7); et quelques autres plus gros, au cas où la greffe se présenterait un peu grosse (fig. 8).

Tout étant ainsi disposé, on opère de diverses manières, mais en se conformant toujours à certaines données inévitables qui consistent : 1° à amputer la partie supérieure du tubercule parce qu'il pourrait s'y trouver des germes (*bb*) qui en se développant contrarieraient les vues du cultivateur; car il n'emploie ce tubercule quelconque que comme un moyen pour se procurer promptement beaucoup de sujets suivant ses désirs; 2° à pratiquer une fente sur l'épiderme du tubercule dans le sens vertical; 3° à y introduire une jeune pousse détachée de la plante-mère.

Pour faire l'amputation et la fente on se servira, comme de raison, d'un instrument très-tranchant *.

Cette fente ** étant effectuée sur le tubercule (Pl. V,

* On emploie divers outils: 1° Pl. IV, fig. 9, un greffoir ordinaire; 2° fig. 10, une petite lame plus commode pour couper boutures ou boutons; 3° fig. 11, une lame acérée, au bout de laquelle s'adapte un manche. Pour s'en servir, on pose la touffe de tubercules sur une table, on présente la pointe de l'outil dans l'angle formé par le tubercule que l'on veut détacher et le collet auquel sont attachés tous les tubercules, et de manière que le tranchant regarde le collet; on détache de celui-ci la partie munie d'yeux du tubercule que l'on veut séparer de la touffe. On est sûr, alors, de n'avoir aucun tubercule borgne, ce qu'on n'obtient pas aussi facilement avec une serpette. L'inventeur de cet instrument est M. Chardon fils, jardinier.

** La fente aura été pratiquée comme sur la fig. 12. On voit en (*d*) le morceau extrait du tubercule. Le rameau (fig. 13) a été

fig. 12, *c*), de telle manière qu'on la désire, simple ou plus artistement combinée, on y introduit un rameau (fig. 13). On peut assujettir les parties conjointes avec une ligature, un lien de laine par préférence, parce qu'il pourra céder à l'extension du rameau. Beaucoup de cultivateurs ne font point usage de cette ligature. Aucune des greffes de MM. Soutif, Roblin Chauvière n'en a besoin; et suivant l'observation judicieuse de ce dernier, la compression de la terre autour du tubercule suffit pour maintenir les deux parties dans une parfaite adhérence; la ligature ne lui paraîtrait nécessaire que dans le cas où la fente verticale trop prolongée et sans proportion avec la greffe ne la comprimerait pas complétement.

Cette opération terminée, on enterre le tubercule ainsi greffé dans une couche de terre riche; on recouvre l'entaille à la hauteur d'un pouce environ. La greffe supportera une petite étiquette *k* en plomb sous le même numéro que la plante-mère, afin d'éviter toute confusion, et de suite on prendra note de ces numéros pour les rappeler en temps et lieu.

Ce soin de numéroter les jeunes sujets n'est point inutile; car le numéro, dans tous les catalogues, se trouvant toujours accolé au nom de la plante, on peut connaître, du moment de l'inscription, ce que l'on possède; on peut livrer et recevoir la plante en toute confiance. Cette opération n'est point aussi embarras-

préalablement amputé sur un tubercule destiné à en fournir beaucoup d'autres. On voit sur le tubercule (fig. 14) la place où trois amputations *eee* ont été faites successivement. La tige amputée, il reste encore une pousse et deux germes qui donneront de nouvelles pousses, et ainsi à l'infini, pour ainsi dire.

santé qu'on pourrait le croire ; il ne s'agit que d'avoir sous la main 9 poinçons *f* portant le relief des chiffres (le 6 sert pour le 9) plus une petite quantité de plaques de plomb très-minces *g* et un petit marteau *h* : le tout réuni comme nous l'indiquons Pl. V, fig. 15. La boîte elle-même sert d'enclume, car c'est un tronçon de bois évidé *j* Pl. V, fig. 15.

Quant aux jeunes pousses, il ne suffit pas toujours de les amputer et de les insérer de suite dans le tubercule ; elles exigent quelques préparations plus ou moins délicates. Cette opération de la greffe peut se pratiquer de différentes manières, suivant le but que l'on se propose, comme nous l'indiquerons plus bas. Pour ne rien laisser à désirer sur les greffes, nous allons entrer dans quelques détails.

On sait que chaque feuille porte son œil. Le rameau amputé comportera quatre yeux. Les deux yeux de la base étant inclus dans le tubercule fourniront les racines ; les deux yeux supérieurs détermineront sa tige. Observons que si on laisse 6 centimètres ou même moins sur la tige au-dessous des yeux, cette tige pourra bien prendre racine, mais aussi elle sera susceptible de ne pouvoir être très-bien conservée. Les racines sortant du milieu de la branche ne produiront pas d'yeux. On voit quelquefois dans le commerce des greffes qui n'ont qu'un œil ; il est encore très-facile de les perdre.

Un moyen plus sûr pour affranchir la plante est de pratiquer cette greffe (Pl. VI, fig. 16), qui ne peut s'employer que pour un dahlia précieux dont on désire hâter la reprise avec toute la certitude possible. Cette greffe est incontestablement plus assurée que la bouture. On fait une incision dans toute la longueur du tubercule, comme nous l'avons déjà indiqué. On taille un rameau, fig. 17 et 20; ce rameau doit être d'une longueur suffisante pour dépasser de six ou dix lignes le tubercule *l*, sur lequel on l'adaptera en le ligaturant. Une fois cette greffe soudée et nourrie par le tubercule, lequel radifie très-facilement, il s'y forme dans l'année des tubercules nouveaux *m*. L'année suivante, on retranche sans inconvénient le vieux tubercule 18, qui a servi à nourrir la greffe, fig. *n*; mais il n'est pas certain que ces tubercules soient susceptibles de pousser des yeux l'année suivante; M. Chauvière est d'avis qu'ils ne portent pas les éléments des *gemmæ*.

Il est toujours bon de conserver un œil *p* dans la longueur du rameau incisé, c'est un fait généralement adopté pour toutes les greffes; car, si la partie supérieure de ce rameau venait à pourrir, cet œil pourrait encore suffire pour conserver la plante; toutefois, il faudra élever le tubercule, afin de pouvoir exposer l'œil à la lumière.

La figure 19 représente le tubercule greffé vu de face; fig. 20, le rameau incisé vu de face; fig. 17, *idem* vu de profil.

Voici un fait qui fera connaître une des premières expériences relatives à la greffe du dahlia.

Quatre ans après l'expérience de M. Blake, en 1828, M. David, jardinier du roi à l'orangerie de Saint-Cloud, opéra de la manière suivante. Il éclata un dragcon sans talon sur un dahlia ayant déjà atteint la hauteur d'un pied et demi; le drageon avait 8 à 9 pouces de longueur, il portait quatre feuilles, le sommet était fort peu développé. Après avoir coupé carrément le bas de ce drageon, il le tailla en sifflet dans sa partie non colorée, sur une longueur de 6 à 7 lignes. Il choisit de préférence un tubercule depuis longtemps exposé au soleil, à collet mince et très-allongé. Ayant coupé horizontalement le sommet de ce tubercule, il pratiqua en longueur, à partir du sommet amputé, une incision disposée à recevoir ce drageon conformément à sa taille en sifflet, la grosseur du rameau se trouvant à peu près la même que celle du collet du tubercule.

Ainsi disposé et ligaturé avec précaution, ce tubercule fut planté en pleine terre, faute d'expérience, il y éprouva quelques malaises auxquels on remédia, et bientôt le rameau de la greffe, s'étant allongé, forma une tige principale, et une autre plus faible s'éleva de la greffe. A l'automne il en résulta une touffe moins touffue que celle sur laquelle on avait pris le drageon. La floraison de la plante ne fut retardée que de quinze jours sur celle de la plante-mère ; les fleurs des deux individus furent semblables et très-nombreuses. Ses nouveaux tubercules se trouvèrent au nombre de trois ; ils étaient allongés et gros comme le petit doigt, ils adhéraient à la base du rameau de la greffe ; la soudure qui liait ce rameau au tubercule était aussi solide que celle d'un arbre greffé. Cette racine jetée par terre avec violence n'éprouva aucune rupture.

Tous les résultats de l'opération de la greffe se trouvent ici parfaitement démontrés. Une observation très-importante se rattache à ce fait, tout ancien qu'il est, c'est que ce dahlia, provenu de greffe sur tubercule, s'est montré inférieur en taille et en volume à celui qui avait fourni le rameau bouturé, et cela, sans rien perdre des mérites de la floraison de la plante-mère. N'est-ce pas là un indice d'un moyen assez naturel à employer pour amoindrir à volonté les dahlias par trop élevés ou trop touffus, et les réduire à des proportions plus convenables? Cette observation n'a pas échappé à nos horticulteurs. Ce moyen de réduction a été bien perfectionné. On réduit aujourd'hui à volonté au tiers ou à la moitié un dahlia d'une élévation exagérée, et l'on jouit également de toutes ses beautés dans une plus petite proportion. Voici donc comment on opère pour atteindre ce but.

On ampute un rameau, on coupe la base de cette greffe en bec de flûte D, Pl. VII. Des deux bourgeons qu'elle comportait il n'en peut rester qu'un seul, celui qui était opposé ayant été supprimé en façonnant le bec de flûte. On glisse cette greffe dans la fente qui aura été pratiquée sur le tubercule; l'œil descendu entre son écorce produira des racines, et la tige de la greffe, alimentée dans le tubercule, se fortifiera. Ce tubercule officieux peut périr, il peut aussi devenir très-volumineux; dans ce cas, il s'opposera à ce que les racines naturelles et propres à la greffe puissent former promptement de nouveaux tubercules. Ces lenteurs, ces difficultés, ces entraves, feront évidemment que ce dahlia sera moindre, quoique représentant exactement la variété dont il est originaire.

Un amateur très-distingué nous donne le conseil de greffer de la manière suivante.

On prend un tubercule fort petit, bien formé en cône, un peu court et très-sain. Le sommet du tubercule enlevé, on pratique une fente (Pl. VI, fig. 21) à la profondeur de quelques lignes en longueur, et proportionnée à la taille opérée à la base de la greffe. Ne pouvant lever la peau du tubercule comme on lève l'écorce d'un arbre, et voulant néanmoins arriver au même résultat, on coupe, de haut en bas, à droite et à gauche, avec une lame très-fine à deux tranchants, la chair adhérente à l'épiderme sur les bords de la fente longitudinale. Il résulte de cette opération un vide dans le tubercule; il est resté cependant assez de chair pour figurer sur l'épiderme comme la couche herbacée faisant partie de l'écorce de l'arbre. On glisse dans ce vide la greffe *t*, qui se trouve si parfaitement insérée et emboitée sous ces recouvrements solides, depuis le bas jusqu'à l'extrémité supérieure de l'incision, qu'il n'est pas besoin de ligature.

En définitive, l'opération de la greffe est une ressource admirable en mille occasions. Veut-on voir fleurir très-promptement un dahlia, ce qui convient fort au commerce journalier, on dispose une greffe sans boutons ni bourrelet, dont la base sera aussi éloignée que possible des deux yeux ou feuilles qui seront réservés dans sa partie supérieure. Cette base tout à fait nue de la greffe se trouvera nourrie par le tubercule pendant toute la bonne saison, mais la révolution de la plante terminée, la tige meurt, et la racine n'étant pas adhérente est incapable d'en reproduire une autre. Tels sont la plupart des dahlias que l'on expose sur nos marchés et que l'on donne à bas prix. Malheur au public confiant, ou assez peu connaisseur pour ne pas reconnaître au collet de la plante si elle est annuelle ou vivace.

Si en septembre ou en octobre on veut obtenir

plus vite le semblable d'un dahlia très-distingué, on coupe un rameau sur cet individu à la variété duquel on attache une grande importance, on le greffe de suite sur un tubercule, on le garantit avec le plus grand soin de tout accident qui lui serait préjudiciable à cette époque avancée de la saison. Pour hâter le développement trop lent des racines on pince la tige; la séve, ainsi arrêtée dans son ascension, se trouvera forcée de s'activer au profit des nouveaux tubercules, et la conquête de ce beau sujet est promptement assurée.

Survient-il un malheur imprévu qui pourrait occasionner une perte sans compensation, une tige rompue, par exemple, on peut remédier à ce malheur en faisant une greffe plutôt qu'une bouture. On taille donc une greffe en coin, observant de laisser un ruban d'écorce et les deux yeux opposés de la base de la greffe ; on l'insère dans la fente pratiquée sur un tubercule. Ces deux yeux pousseront en racines tuberculeuses plus promptement que ne le ferait une bouture dont le bourrelet ne les produirait que bien lentement, c'est-à-dire dans l'espace d'un mois ou six semaines, tandis que par l'opération de la greffe, huit jours suffiront pour obtenir ces racines.

Enfin, de telle manière que l'on opère pour cette multiplication, il faut donner à la plante greffée tous les soins qu'exige son état de faiblesse. Passablement reprise, on pourra, au bout d'une dizaine de jours, l'exposer à un air libre, mais toujours avec circonspection.

Mais, de toute manière, dès que l'on aura greffé sur

un tubercule, et que la greffe ne portait pas à son extrémité inférieure un œil dont puisse sortir de nouveaux tubercules, il ne faut pas compter sur la reproduction de l'espèce pour l'année suivante. Il est absolument nécessaire, suivant l'opinion de M. Chauvière, que les tubercules nouveaux sortent d'un œil de l'espèce à propager. Ainsi les greffes des fig. 16, 17, 18, 19, 21, ne donneront pas de tubercules susceptibles de pousser des tiges. Cependant la variété ne sera pas perdue, car on pourra, aussitôt que l'individu aura donné des jets, le bouturer avec des rameaux portant des yeux à l'extrémité inférieure ; ces yeux ou *gemmæ* formeront de nouveaux tubercules pleins de jeunesse et de vigueur, et qui, s'ils ne fleurissent pas dans la saison, qui pourrait se trouver trop avancée, se conserveront très-bien pour l'année suivante. Ces jeunes tubercules sont même le meilleur moyen de conserver les dahlias, et ils sont bien préférables au séparage des gros pieds que l'on pourrait abandonner, si l'on voulait se livrer à ce seul moyen d'obtenir des tubercules.

BOUTURE.

Troisième moyen de multiplication.

La culture emploie communément la bouture comme moyen de multiplication.

Une bouture est une partie tendre ou dure d'un végétal que l'on détache de la plante en la coupant et en y réservant trois ou quatre yeux. Elle peut reproduire son espèce en l'étouffant sous une cloche, ou en la tenant à l'air libre suivant le besoin et avec des soins convenables.

Pour le dahlia, on prend un bourgeon tendre de préférence. Le même rameau ou la même bouture pris sur une plante dans ces mêmes conditions peut être greffé, mais alors, pour opérer cette greffe, il faut avoir recours à un sujet étranger, comme serait un tubercule ou tout autre sujet analogue ; c'est dans ce cas seulement que cette opération se nomme greffe, ainsi que nous l'avons dit plus haut.

Nous avons à examiner ici les boutures provenant immédiatement des tubercules et celles que l'on détache des tiges complétement formées. On les trouve représentées sur la Planche VII sous leurs diverses formes de coupe.

Un cultivateur habile peut employer utilement jusqu'au moindre fragment d'un végétal et lui faire reproduire un individu d'espèce semblable. Avec un seul œil, ou avec deux, on reproduira un dahlia.

Voici comment on peut opérer pour former et façonner des boutures, Pl. VII. Bouture avec deux yeux, fig. *u*. Bouture avec un seul œil *v*, en supposant que cette bouture comporte deux yeux, on la fend dans sa longueur et l'on possède deux boutures à un œil seul, fig. *x*. Nous donnons encore ici, comme exemple des plus simples préparations, les figures des espèces de boutures façonnées sous nos yeux par M. Chauvière.

La première (fig. 22) est un rameau avec toutes les feuilles. La tige est fendue à son extrémité inférieure pour faciliter la reprise. Cette fente présente encore l'avantage que plus tard elle facilitera la séparation de la touffe lorsque, parvenue à une certaine grosseur, on voudra la multiplier; à côté est le développement de la fente.

La seconde (fig. 23) représente un rameau sans feuille à la base. On peut également y pratiquer une fente ou s'en abstenir. En général, la fente et les feuilles à la base présentent plus de certitude pour la réussite. La séve se partageant dans chacune de ces parties divisées, quoique toujours adhérentes à la base du rameau, elles agissent chacune de leur côté et activent d'autant plus la végétation.

La troisième (fig. 24) représente un rameau avec une seule feuille à la base. Deux feuilles, si elles sont grosses, peuvent embarrasser pour l'empotage; on n'en laissera donc qu'une pour éviter ce désagrément.

Les jeunes pousses, une fois bien établies, naturellement ou artificiellement, sur les tubercules plantes-mères, il s'agira de les utiliser en les transportant sous le nom de boutures sur des tubercules étrangers. Là, ces jeunes boutures produiront une infinité de pousses, qu'en définitive on confiera à la terre.

Ces jeunes pousses parvenues à la hauteur de deux ou trois pouces, ainsi que nous l'avons déjà dit, on les ampute vers leur base, au-dessus de la première articulation et de l'insertion sur le collet de la racine. Désire-t-on obtenir une chance de succès de plus, on les ampute avec une partie de la couronne. A-t-on besoin de beaucoup de sujets d'une variété particulière, on fait la coupure précisément au-dessous d'un nœud, en laissant un ou deux yeux à la base du bourgeon; ces yeux produiront de nouveaux jets, on les enlèvera comme les premiers. Ce moyen, comme on voit, peut multiplier à l'infini. La figure 14, Pl. V, offre un tubercule qui a subi plusieurs amputations successives. Il faut remarquer que, suivant l'observation que nous venons de faire page 41, les boutures *u*, *v*, *x* et 23, ne pourront donner de tubercules susceptibles de pousser des bourgeons : ils resteront tubercules sans donner signe de vie.

En coupant les boutures immédiatement au-dessus de leur talon ou empatement, il restera sur le talon des *gemmæ* ou germes, ce que nous expliquerons plus bas, qui, après l'amputation, se développeront à leur tour dans l'espace d'une quinzaine de jours. S'ils viennent plus tard que les premiers, ils ne fleuriront pas moins vers la même époque. Ces nouvelles pousses peuvent encore en fournir d'autres que l'on pourra gouverner de la même manière. Une multiplication aussi abondante convient plutôt au commerce qu'à un amateur, dont les besoins sont plus bornés. Il faut observer que les racines ainsi épuisées ne peuvent plus promettre, pour l'avenir, quelque chose de beau et de bon; il faut les abandonner.

Sitôt que les petites pousses sont amputées, on doit les placer dans de tout petits godets remplis de sable blanc ou de terre de bruyère (Pl. VIII, fig. 25); cette terre sera d'abord comprimée avec le pouce; on y pratiquera ensuite un petit trou de 5 à 6 millimètres de profondeur, pour y introduire librement et sans froissement la jeune bouture; puis, pour l'affermir, on la comprimera légèrement à sa base. Pour ne point confondre les variétés, il aura été attaché à la bouture même une petite étiquette *y* lors de son amputation; on la lui conservera, ou on la fixera dans la terre du petit godet.

Cette opération terminée, on placera tous ces petits pots sous le châssis d'une bâche et sur une couche tiède recouverte de terreau, et encore sous une cloche sous ce même châssis. Cette cloche pourra contenir plus d'une cinquantaine de pots. Toutefois, sur la couche ou sous la cloche, les collets des boutures devront toujours se trouver juste à la superficie de la terre. Quatre de ces boutures, si on n'en voulait qu'un petit nombre, pourraient également occuper un verre de moindre dimension.

Cette opération peut avoir lieu convenablement depuis mars jusqu'à la mi-mai ; et dans la saison rigoureuse, à mesure que les rameaux se présenteront. Ces boutures prendront racines en dix-sept ou vingt jours, si elles ne sont pas trop fortes. Les plus grosses pourraient exiger cinq à six semaines. Si on les pinçait, on en retirerait plusieurs autres boutures.

Les frêles individus enfouis dans ces petits pots exigeront des soins très-assidus, jusqu'à ce qu'on soit assuré de leur reprise ; et encore après s'en être assuré, des visites journalières et fréquentes, des arrosements légers et partiels sont indispensables. Il faut s'assurer si des pots sèchent plus vite que d'autres. Il faut entretenir une humidité convenable et jamais forcée, car alors cette grande humidité ferait pourrir les boutures à leur collet et les empêcherait de prendre racine. Si les vitres ou les cloches se trouvaient chargées par trop de vapeur, il faudrait les essuyer avec soin. Il ne faut pas moins soigner la couche, se méfier de l'humidité locale, et surtout des insectes ou de leurs larves, qui peuvent nuire plus ou moins à toute la plantation. Ce danger se manifestant, il est de toute nécessité de transférer les pots et les cloches sur un autre emplacement; autrement tout serait perdu, soins, peines et plantes.

Chez M. Chauvière, où la serre est chauffée par un thermosiphon, les petits pots sont enfouis dans une couche de sablon très-fin qui les rend tous adhérents. S'il est convenable de les préserver d'une trop grande humidité, il faut également les garantir contre les ardeurs du soleil, en étendant sur les verres des toiles ou des paillassons.

Pour bien faire comprendre ce travail relatif aux boutures, nous plaçons ici sous les yeux du lecteur tout ce qui concerne cette opération (Pl. VIII).

Fig. 25. Bouture en petit pot. Grandeur naturelle.

(*y*) Petite étiquette en plomb, portant l'inscription de la plante ou son numéro. On la remplace par une petite étiquette en bois recouverte d'une couche de céruse, où l'on inscrit le nom au crayon.

Fig. 26. Cinq boutures réunies sous un verre, chacune dans un pot.

Fig. 27. Cloche de verre qui peut couvrir une cinquantaine de boutures, chacune dans un petit pot, tous enfouis dans une couche de sablon.

Si cette cloche est ouverte à son extrémité supérieure, on la ferme à volonté avec un petit pot en terre; fig. 28 : ici, il est inclus dans l'orifice de la cloche; sur la fig. 29, le petit pot couvre et entoure cet orifice.

La plante ainsi étouffée devient plus forte, et prend plus vite sa racine.

Souvent la chaleur provoque des cassures sur les cloches ; on rejoint les morceaux en collant un petit morceau de verre avec du blanc de céruse *z*, *z*.

Après une vingtaine de jours employés à ce travail minutieux, si les sommités des jeunes boutures paraissent se développer, on pourra croire qu'elles ont projeté des racines. Pour s'en assurer, on retirera avec adresse les petits pots qui marquent davantage, et avec encore plus de légèreté et de précaution on frappera légèrement ces petits pots sur le bord d'un corps solide. La motte de terre s'en détachera, et alors se présenteront de petits filets blancs ou radicules adhérents à la base de la tige.

La plante exige en ce moment une nouvelle attention. Il faut, sans trop émouvoir cette motte, qui est comme son premier berceau, la placer dans un pot de plus grande dimension rempli de terre analogue et convenable. Toutes les boutures ainsi rempotées sont placées de nouveau sous des châssis ; on les prive de l'air pendant deux ou trois jours. Après cet espace de temps, on leur en procure peu à peu ; et lorsqu'elles seront habituées à ce nouveau régime, lorsqu'elles auront acquis un certain développement, on en disposera à volonté, soit en les expédiant de suite, soit en les rempotant de nouveau en attendant que la saison permette de les placer dans le lieu qu'elles doivent occuper définitivement. Toutefois, pendant ces délais, il ne faut pas négliger de les ombrer et de les garantir de toute manière, car elles pourraient encore s'étioler, sécher ou succomber sous quelques légères gelées.

L'amateur impatient et fort curieux de ce mode de

culture en petits pots, pourra faire usage de godets de verre façonnés comme les autres. Leur transparence dévoilera les progrès de la végétation de la jeune plante par l'apparition de ses petites racines. Alors plus de tâtonnements qui pourraient préjudicier au sujet jusqu'au moment décisif du rempotage. Ces verres à boutures ont été présentés à la Société d'horticulture par M. Buhler, boulevard du Jardin des Plantes, 8, à Paris.

Voilà l'horticulteur assez riche en sujets nouveaux au commencement de la belle saison; cependant il peut encore augmenter cette richesse au milieu de cette même saison, c'est-à-dire vers le mois d'août. Ce supplément lui sera bien avantageux pour l'année suivante, car il ne pourra en obtenir de fleuraison qu'à cette époque éloignée.

Boutures de jeunes branches.

Pour ce genre de boutures, il s'agit de choisir de jeunes pousses, dont le bois soit peu creux et pas trop fort. On les coupera au-dessous d'un nœud, à la distance d'une ou deux lignes. Veut-on faire mieux encore, on tâchera de les détacher d'une maîtresse branche avec leur talon où il se trouverait les rudiments d'un œil ou bouton. Ces boutures seront soumises au même régime que les boutures obtenues au printemps; elles exigeront à peu de chose près les mêmes attentions. Elles pourraient, à la rigueur, se passer de chaleur artificielle, si la saison était favorable.

Arrêtons-nous ici un moment... Il est diffiicle, pour des personnes qui n'ont aucune connaissance de ce qu'on appelle la physiologie des plantes, de concevoir comment on peut obtenir d'une jeune branche incessamment séparée de sa tige, et de l'œil ou bourgeon qui s'y trouve adhérent, des racines susceptibles de soutenir son existence; car si cette racine ne lui vient point en aide, infailliblement elle se desséchera; si, au contraire, cette racine surgit, cette bouture deviendra à son tour plante-mère. C'est ce fait curieux que nous allons démontrer uniquement dans l'intention de satisfaire ceux qui veulent connaître la marche de la nature dans ses prévisions, dans ses principes les moins apparents et pourtant les plus admirables. Nous dirons d'abord que le développement des bourgeons, en général, joue un grand rôle dans le système de physiologie végétale. Les bourgeons peuvent être considérés comme un des plus intéressants phénomènes de la végétation. D'habiles et savants physiologistes ont admis diverses opinions à ce sujet non moins ingénieuses les unes que les autres, et sur lesquelles cependant on n'est pas encore d'accord; car il ne s'agit rien moins, en thèse générale, que de décider *par quel mécanisme l'accroissement des tiges a lieu.* Or, beaucoup de nos savants prétendent que les bourgeons sont les agents de ce mécanisme. Pour ce qui concerne le dahlia, nous voyons dans l'exposition de la théorie de M. Dupetit-Thouars, qui soutient cette doctrine, que les bourgeons sont les premiers phénomènes de la végétation; que toutes les parties qui dans les végétaux doivent se développer à l'extérieur, sont d'abord renfermées dans des bourgeons, proprement dits *gemmes*. En général, il en existe un à l'aisselle de toutes les feuilles, plus rarement deux ou plusieurs, comme sur l'abricotier commun. Lorsqu'ils commencent à paraître, ils portent le nom d'*yeux*, et celui de *boutons* ou *bourgeons* lorsqu'ils se dilatent pour donner passage aux organes qu'ils protégeaient. Ces bourgeons donnent donc naissance à des scions ou jeunes branches, et souvent à des fleurs.

M. Dupetit-Thouars compare ces bourgeons à autant d'embryons, qu'il appelle *embryons fixes*, dont l'évolution doit, comme celle de l'embryon contenu dans une graine, donner naissance à un individu pourvu d'une tige, d'une racine et d'appendices latéraux. Le même physiologiste admet l'existence de bourgeons *latents* ou *adventifs* c'est-à-dire de bourgeons, espèces de points non visibles susceptibles de former des bourgeons qui se développeront de même que ceux qui sont apparents, mais dans des circonstances particulières.

D'après ce simple exposé, on ne peut pas plus douter de la faculté reproductive de l'œil ou du bourgeon du dahlia que de celle de toute autre plante. Il est évident que la plante est déjà complète dans son intérieur, moins la racine; les rudiments de cet organe y existent pourtant. Ne peut-on pas croire que ce sont ces fibres que l'on signale comme devant servir à l'accroissement en largeur de la tige qui, ne pouvant plus remplir cette fonction après en être séparée, se changent en racines sitôt que l'amputation a modifié son organisation extensive... De telle manière que ce soit, le fait s'opère, et l'on ne peut douter que le bourgeon ne se transforme en tige avec racine.... Les gemmes sont donc devenus dans leur développement absolument semblables aux embryons des graines ou semences.... Revenons à notre opération des boutures.

Il s'agira, en premier lieu, de placer dans un pot rempli d'une terre convenable cette bouture; on l'y affermira suffisamment : les yeux auront été réservés très-près de la base de la bouture lorsqu'on l'aura séparée de la tige, afin que les radicules qui en sortiront puissent immédiatement s'implanter dans la terre. Si on laisse indifféremment la bouture exposée à l'influence d'un air libre ou d'un soleil trop ardent, elle semblera bien prospérer pendant quelque temps, mais bientôt elle succombera, car la séve, suivant son impulsion naturelle, se portant avec vivacité vers les extrémités supérieures, ne fournira plus suffisamment à la racine.

En suivant le premier traitement, une fois les racines obtenues, il faudra rendre de l'air peu à peu à la plante, mais toujours avec précaution. Cet air, cette chaleur naturelle, rétabliront l'équilibre dans toute l'organisation de cette jeune plante qui, alors déjà bien formée, ne demandera plus qu'à se développer sans aucune contrainte. Si le développement des racines était trop tardif, on pourrait l'activer par les moyens connus en culture. Il faudra néanmoins bien combiner les degrés de chaleur avec l'humidité nécessaire. Si on ne donne pas assez d'eau, la plante languira; si on en donne trop, elle se décomposera. Le mieux serait de bassiner peu et souvent si le temps était sec, et point du tout si on s'aperçoit que les vapeurs de la couche sont suffisantes pour entretenir l'humidité convenable.

Expéditions des jeunes plantes.

Ce grand nombre de boutures hâtées s'expédient quelquefois fort loin, et ces expéditions éprouvent souvent bien des inconvénients qu'il est bon de signaler. Ce sont des retards involontaires de la part des expéditionnaires, des séjours forcés en route, un emballage qui peut fermenter et se déranger, et par suite des avaries plus ou moins graves. Parvenues à leur destination, ces jeunes plantes ont encore à redouter le peu de soin ou la négligence d'un jardinier, le peu d'expérience d'un amateur pour réparer le dommage. Il résulte de tout cela des mécomptes et des pertes qu'il faut éviter.

On conviendra, pour justifier d'abord le cultivateur, que malgré toute son activité et son talent, il ne peut maîtriser une saison défavorable. Si le soleil est rare, bien que la température soit assez douce, il chauffera ses serres, et beaucoup de boutures fondront sans prendre racine; si le temps est constamment et rigoureusement froid, et qu'il chauffe sans air, ses plantes s'étioleront. Son travail devient languissant, c'est un retard obligé pour ses expéditions; et, ce qui est encore plus contrariant, ces boutures, en grande partie, peuvent rester très-faibles. Dans ce cas, on peut avec justice accuser la bonne foi de cet horticulteur.

Les expéditions s'effectuent cependant, mais voilà d'autres inconvénients; elles s'adressent quelquefois à des amateurs insouciants et trop confiants, ou à des jardiniers indolents qui aggravent ces malheureuses circonstances de routes en plaçant, au sortir de l'emballage, à l'air libre et en plein soleil ces frêles créatures qui, souvent venues de fort loin, privées d'air et de lumière, ont peut-être encore séjourné en route. Il est certain que la plus robuste plante devra résister avec peine à ce passage subit de la détresse à l'aisance.

Il est donc de nécessité absolue de mettre à l'ombre ces jeunes plantes sitôt qu'elles sont déballées. S'il tarde à l'acquéreur de les mettre en place, si toutefois elles se sont bien conservées pendant le voyage, il faut encore qu'il ait la précaution de les couvrir avec un pot qui empêche le soleil de les fatiguer. Le soir il enlèvera ce pot, et si le temps était pluvieux ou ombré, il ne le remettra pas, et ainsi jusqu'à ce que la plante ne fléchisse plus.

Il peut encore arriver pire dans cette occurrence. Une bouture grêle, celle-ci reprenant plutôt que les autres ; une bouture forte, mais très-fraîchement reprise, peuvent arriver à leur destination dans un état de délabrement désolant ; c'est alors qu'il faut leur donner les plus grands soins. Il faut les placer dans une serre douce, ou, à défaut, mettre leurs pots en pleine terre, à une bonne exposition et sous cloche ombragée. Si le désordre était trop grand, il faudrait rempoter.

On conçoit qu'à leur arrivée toutes ces boutures doivent être arrosées, et qu'à mesure qu'on les voit se rétablir, il faut leur donner de l'air graduellement.

SEMENCES.

Le choix des semences du dahlia exige un examen particulier. La floraison des semis présente souvent des mécomptes qu'il est nécessaire de prévenir autant que possible. Ici, l'art et l'industrie doivent avoir recours à la science.

On ne saurait se dissimuler que nos voisins ont obtenu des succès brillants avant nous dans cette partie de la culture; succès que nous pouvons très-bien balancer, si, comme eux, nous ajoutons la science la plus élémentaire du botaniste à l'art de l'horticulture que nous possédons si bien. Il ne s'agit ici que de bien étudier l'organisation de notre plante.

Le dahlia, espèce dans la classe des *radiées*, produit de nombreuses variétés que l'on obtient par les semis de graines. Les semis de dahlias simples ont donné des fleurs doubles et des fleurs pleines; mais il s'est écoulé plus de trente ans avant qu'on ait obtenu le dahlia véritablement beau, qui aujourd'hui peut seul séduire les amateurs et plaire aux connaisseurs.

Si donc on veut produire quelque chose de rare, de distingué, il ne faut pas prendre ses graines au hasard; il faut commencer par en obtenir de bonnes par une culture des plus soignées, et en dirigeant la fécondation avec intelligence.

Le dahlia se compose de fleurons qui recèlent des organes mâle et femelles protégés par un ou deux pétales ou ligules sous forme de languettes roulées en cornets, enveloppe ordinaire des pistils et des étamines. Quelquefois le fleuron est nu, c'est-à-dire comportant les organes sexuels sans ligules ou pétales. Ces différentes conformations méritent une attention particulière. Voir Pl. II, et page 14, la note.

Les fleurs du dahlia étant simples, semi-doubles, pleines, doivent évidemment s'organiser avec des différences. La fleur simple est composée de fleurons sans ligules ou pétales, depuis son centre jusqu'au dernier rang qui forme la circonférence de la fleur. Les fleurons mâles et femelles sans ligules donnent rarement des fleurs pleines ou semi-doubles. L'amateur appelle *simple* la fleur dont le tiers ou la moitié des fleurons ne sont pas formés de ligules ou pétales. Une fleur plus ou moins double se compose d'un nombre plus ou moins considérable de fleurons, c'est-à-dire d'un tiers ou de trois quarts avec ligules. On appelle fleur pleine celle qui est toute remplie de fleurons ligulés réunis sur le *placenta* ou involucre, et non pas dans un calice particulier; c'est une écaille plus ou moins allongée qui leur en tient lieu. Cette écaille leur est quelquefois nuisible, lorsque sur un sujet par trop vigoureux elle comprime fortement le fleuron.

C'est ainsi que les fleurs simples, doubles ou pleines comportent des fleurons avec ou sans ligules, à étamines seulement, les unes fécondes, les autres stériles, soit des fleurs avec des fleurons à ligules et à pistils, les uns féconds, les autres stériles. On récolte communément assez de graines sur ces fleurons. On a remarqué aussi des fleurs mêlées avec ou sans ligules, des fleurons mâles et femelles, les uns féconds, les autres stériles, réunis dans les mêmes fleurs et sur le même placenta ; ce qui pourrait faire croire à des fleurs hermaphrodites ou portant les deux sexes, si toutefois ce n'est un effet particulier, une exception.

Cependant le dahlia est inscrit dans la *diœcie* de Linnée, où un seul individu porte uniquement des fleurs mâles, et un autre de même espèce uniquement des fleurs femelles, comme sur le palmier-dattier, le chanvre. Il appartient encore à la *monœcie*, où sur le même individu se trouvent séparément des fleurs mâles et des fleurs femelles, comme le *melon*, le *concombre*.

Quelle que soit cette disposition naturelle du dahlia, il n'est pas moins certain qu'une semence produite par un fleuron mâle et un fleuron femelle dénué de ligules, ne peut donner que rarement des fleurs pleines ou semi-doubles, toujours composées des organes qui manquent aux individus procréateurs.

Il y a beaucoup plus à espérer d'une fleur semi-double, puisqu'elle comprend, au moins pour moitié, des fleurons à pétales ; il peut s'y trouver deux fleurons, mâle et femelle. De ce hasard il est sans doute résulté des fleurs pleines, ce qui motive ce long espace de temps écoulé pour opérer enfin ces croisements si heureux en résultats.

On a cru obtenir, et pour toujours, de ces fleurs pleines, d'autres fleurs semblables : point du tout, il en est aussi résulté des fleurs simples, par la raison que quelques fleurons mâles ou femelles sans ligules se rencontrent comme cachés sous les fleurons ligulés, beaucoup plus nombreux. Les sexes des premiers se trouvant à nu, se fécondent bien plus facilement que les autres qui sont enveloppés dans leurs pétales. De ce fait résultent beaucoup de mécomptes dans les semis des fleurs doubles. Ces fleurons, lorsqu'ils se présentent en nombre plus ou moins grand dans les rangs de fleurons à pétales, ou lorsqu'ils occupent le centre de la fleur, forment un creux : on dit alors que la fleur *creuse* et ce n'est pas un avantage pour elle.

On voit donc que les graines peuvent produire des fleurs simples ou semi-doubles, suivant qu'elles ont été fécondées. Le plus avantageux est de récolter sa graine sur de belles fleurs pleines et au-dessous des trois ou quatre premiers rangs, à partir du centre de la fleur ; car c'est là où communément se trouvent des fleurons nus qui ne promettent rien de beau. Il faut encore observer que la plante étant en pleine séve en août et en juillet, ses fleurs sont plus belles, plus pleines de fleurons, et conséquemment moins pourvues de fleurons nus ; que plus tard, au contraire, la plante affaiblie donne des fleurs moindres, mais aussi plus nombreuses, qui sont remplies d'une grande quantité de fleurons nus. Ces graines en général promettent beaucoup moins que celles des fleurs premières ; néanmoins on peut encore tirer parti de ces dernières fleurs. Si elles en méritent la peine, on les cueille avec leurs pédoncules et on les place dans des vases pleins d'eau ; et, si les graines sont presque mûres, on les place sur une tablette abritée où elles achèvent de mûrir.

L'aptitude du dahlia à recevoir la fécondation de ceux qui l'avoisinent est très-grande. Ceci est prouvé par le nombre des différentes couleurs que produit chacun des semis comportant des graines récoltées sur diverses variétés remarquées : c'est un inconvénient inévitable.

Les Anglais, horticulteurs soigneux, savent très-bien se rendre maîtres de la fécondation pour se procurer de belles variétés. La nature, qui opère en grand, s'en réfère aux vents, aux oiseaux, aux insectes, dans bien des cas, pour disséminer avec profusion ses graines et les féconder. Son but se trouve presque toujours atteint; mais nos horticulteurs aspirent à des résultats plus positifs, moins éventuels.

M. Paxton nous indique comment se pratique en Angleterre la fécondation artificielle du dahlia; c'est une imitation, en quelque sorte, de celle des Arabes, pratiquée sur le palmier-dattier, qui consiste à placer un rameau de fleurs à étamines sur un arbre qui ne porte que des pistils.

« Si l'on veut se procurer de bonnes semences, nous dit cet intelligent cultivateur, je conseille de planter isolément quelques individus de variétés choisies, de ne conserver que vingt ou trente fleurs pour obtenir la semence; qu'elles soient encore les plus belles et les mieux formées de la touffe. Sitôt que le disque commencera à paraître, on les couvrira d'une mousseline ou d'une gaze pour empêcher toute fécondation naturelle provenant de quelques variétés inférieures ou moins distinguées. A mesure que les fleurs s'ouvriront, on y introduira le *pollen* de variétés de couleurs opposées en secouant une fleur sur l'autre. Cette opération aura lieu autant de temps que les fleurs mettent à s'épanouir, ayant toujours soin de tenir les fleurs bien couvertes. Il ajoute encore qu'en recueillant la graine il faudra rejeter le cercle extérieur de semence, qui généralement ne donne que des fleurs simples, ainsi que les graines du centre, souvent mal formées. »

On conçoit que le grand mérite de cette fécondation artificielle consiste à ne jamais transporter la poussière émise sur les pistils qu'autant que ces deux fleurons mâles et femelles à féconder l'un par l'autre sont tous deux munis de ligules, soit en languettes, soit en cornets, soit en oreillettes. Il est donc nécessaire de savoir distinguer les fleurons mâles des fleurons femelles ligulés ou non ligulés.

La bonté ou la beauté des graines à obtenir dépend beaucoup de l'intelligence du cultivateur qui doit se procurer avant tout des porte-graines convenables. On sait que dans un grand nombre de plantes, les pétales sont des étamines transformées par l'activité et la vigueur de la séve de la plante : telles la marguerite et beaucoup d'autres fleurs. Il était donc possible, en maîtrisant la séve sur un dahlia, d'en obtenir plus de nourriture pour les graines. On doit choisir pour porte-graines de belles plantes bien constituées. On les gouverne de manière qu'elles ne puissent fleurir que sur la principale tige, ayant encore soin de supprimer à fur et à mesure les rameaux trop gourmands. Cette séve, ainsi contrariée, se porte avec abondance vers les fleurs; les graines acquièrent une constitution vigoureuse. On ne peut espérer et attendre de la bonté de leurs germes que des fleurs pleines et parfaitement belles. De telles monstruosités, aux yeux de la science, ne manqueront pas de nombreux admirateurs, même parmi les botanistes les plus passionnés pour la simple nature.

DES SEMIS.

Quatrième moyen de multiplication.

Les semis sont des moyens simples et certains de se procurer des variétés lorsque les boutures et les greffes nous donnent de nombreux sujets.

Nous supposons que, dans le dessein de se procurer des semences variées et bien constituées, on a eu la précaution de les récolter sur des porte-graines bien gouvernés, sur des plantes parfaites, c'est-à-dire sur des plantes pas trop élevées, au feuillage léger et d'une belle couleur, et dont la floraison a été assez précoce, portant des fleurs pleines, au moins doubles, d'un gros volume, supportées par un fort et long pédoncule dont les couleurs sont pures, les pétales courts, arrondis et bien imbriqués, enfin ayant conservé longtemps leur fraîcheur sur la tige.

Les graines de ces plantes de choix auront été récoltées à mesure de leur maturité, et placées de suite en un lieu sec; celles qui mûrissent à la fin de la saison auront été retirées immédiatement de leur enveloppe; cette enveloppe, encore verte et imbibée d'eau, les ferait pourrir. Toutes ces graines auront été bien enveloppées, et c'est dans cet état de conservation parfaite qu'on les retrouvera à l'époque des semis de l'année suivante et même bien au delà.

Les graines de dahlia conserveront leurs qualités germinatives pendant deux ou trois ans et plus. M. Lelieur a éprouvé qu'après six ans il n'y faut plus compter. Il redresse à cette occasion une erreur partagée par beaucoup de jardiniers, qui prétendent qu'une graine fraîchement récoltée ne produit que des fleurs simples. Il a semé pendant six années consécutives des graines d'une même récolte, et il a obtenu des fleurs doubles aussi belles la première année que la sixième.

On sème les graines du dahlia du milieu de février en mars ; elles fleurissent dès la première année. Les semis de mai ne présentent pas toujours cet avantage. On sème les graines dans une terre bien meuble, soit en pleine terre à l'exposition du midi et encore à l'abri d'une muraille, soit dans des terrines que l'on place sur couche et sous châssis. Le grain, peu recouvert, sera légèrement bassiné ; cette fraîcheur sera entretenue jusqu'à ce qu'il lève ; les plants exposés en plein air seront abrités par des paillassons pendant la nuit.

Les semis tardifs pourraient ne produire qu'un plant faible à l'époque où il conviendrait de le mettre en place, et même il pourrait ne pas fleurir dans l'année. Ce serait une jouissance reculée, l'embarras d'une quantité de plantes que l'on ne connaît pas, qu'il faudra cependant conserver, et qui, au retour de la bonne saison, devront être convenablement espacées, au risque de voir son terrain, ses soins, son temps perdus.

On lève le plant au mois de mai pour le repiquer en pleine terre. On choisit, pour faire ce travail, un temps humide et sombre. Un temps sec serait moins favorable, malgré les arrosements obligés. Déjà très-fatigué par l'effet de la transplantation, le jeune plant voudra encore être garanti de ces rayons brûlants d'un soleil de printemps, qui souvent s'échappent tout subitement et avec force des nuages passagers. Ces précautions paraîtront peut-être bien minutieuses ; car, réellement, le plant du dahlia n'est pas aussi délicat qu'on pourrait le croire ; mais il s'agit ici pour nous d'obtenir la plus belle plante possible.

On place tous ces jeunes individus sur des plates-bandes, en ligne double, à distance d'un pied ou plus, à volonté. Chaque pied sera espacé, sur la ligne, à dix-huit pouces ; l'intervalle des plates-bandes sera au moins de trois pieds.

Cet écartement des lignes et des espaces, lors du repiquage, est susceptible de quelques observations. Si les tiges étaient trop resserrées, trop rapprochées les unes des autres, elles pourraient s'étioler ou filer. L'air ne conservant pas assez d'élasticité autour d'elles, on ne pourrait juger leur hauteur véritable. Cette façon de repiquage ne peut se fonder que sur un calcul intéressé qui compte sur les éclaircis qui deviendront indispensables. Mais alors le mal sera fait, la plante se sera déclarée, celle que l'on supprimera aura nui à celles qui méritent d'être conservées. Il vaut donc mieux espacer les sujets convenablement, perdre quelques pouces de terre, et rendre à l'air ambiant toute son influence. On sera sûr d'obtenir des sujets forts, vigoureux, qui se seront développés librement au milieu des impressions atmosphériques les plus favorables.

Pour obtenir et déterminer une tige principale, on pincera les ramifications qui sortent du bas et qui s'élèvent à huit ou dix pouces au-dessus de la terre. On évitera ainsi une confusion de rameaux qui pourraient nuire à la floraison en privant cette tige de l'air nécessaire. Si la floraison en septembre était trop tardive, on ne laisserait plus qu'une seule tige sur la touffe, et peu à peu on ne laisserait s'épanouir qu'un ou deux boutons qui suffiraient pour faire connaître l'individu.

Le jeune plant ayant atteint une certaine élévation, il sera nécessaire de le soutenir sur des gaulettes.

On ménagera surtout les arrosements; point de luxe de végétation : le but unique est de reconnaître le mérite des fleurs et de faire un choix ou une réforme.

Les dahlias qui fleurissent les premiers sont presque toujours simples ; le développement de leur fleur est plus facile que celui des fleurs doubles ; celles-ci sont plus tardives, parce que l'épanouissement de leurs boutons beaucoup plus composés exige plus de temps pour s'opérer. On n'hésitera pas à supprimer toute plante simple ou semi-double qui serait mal faite, dont les couleurs seraient fausses. On coupera cette plante entre deux terres pour ne point ébranler celles qui l'avoisinent, et dont les racines pourraient être entrelacées avec celle de l'individu rejeté.

On doit marquer avec soin les plantes distinguées dans l'ordre de leur floraison, et tenir note descriptive de leur apparence. S'il reste quelques plantes non fleuries, on les conservera; peut-être l'année suivante elles seront les plus estimées. La perfection dans une fleur de première année ne se confirme pas toujours à la seconde. L'espérance du cultivateur est souvent trompée; on ne peut les admettre dans une collection qu'après la floraison de leur seconde année.

Tout cultivateur qui livrerait ses dahlias de première année sans mentionner la date de leur naissance, compromettrait fort son honneur.

Cette seconde plantation se fera comme la première, mais plus largement ; ce qui facilitera le moyen de porter sur elle un jugement définitif. La réforme alors portera sur les individus tardifs, sur ceux qui fleurissent dans le feuillage, qui ont les fleurs courtes et de peu de durée ; la forme et la couleur auront déjà été appréciées l'année précédente.

Les tubercules provenant des semis exigent pour l'hiver, relativement à leur délicatesse, d'être conservés dans une tranchée recouverte de terre et de feuilles ; autrement ils risqueraient de se dessécher avant le temps de la plantation, car ils sont remplis de beaucoup plus d'eau de végétation que les anciens, eau très-susceptible de s'évaporer au grand air. Enfin, lorsqu'on replantera de nouveau ces tubercules, on ne laissera sur la touffe qu'une seule tige, en pinçant en terre les germes qui voudraient rivaliser. C'est un dernier soin dû à la jeunesse de la plante.

Quelques personnes pourraient peut-être s'imaginer que pour conserver une plante venue de graine, qui promet d'être d'une beauté remarquable, il est mieux de la mettre en pot pour achever sa floraison en serre ; elles se tromperaient fort dans leurs prévisions. On pourrait tout au plus recourir à cet expédient si une plante ne fleurissant que dans la saison très-avancée, on voulait avoir une idée plus exacte de son vrai caractère. Dans ces deux cas, le dommage que pourraient encourir les plantes par le fait seulement de la transplantation altérerait tellement leurs fleurs, que ce serait peut-être une précaution inutile.

D'autres personnes encore prétendent connaître à l'avance les couleurs des fleurs que porteront les jeunes tiges par la tige elle-même. Cette connaissance paraît très-problématique. Sur quelles données repose-t-elle ? Selon ces personnes, les tiges entièrement vertes produisent des fleurs blanches ; les tiges blanchâtres ou roussâtres donnent des fleurs rosées ou jaune clair ; les tiges brunes ou pourpres produisent des fleurs de couleur sombre, etc. Rien de moins certain que ces divinations.

DISPOSITIONS

A FAIRE POUR LA PLANTATION.

Exposition favorable. — Prévision du cultivateur et de l'amateur. — Règles de goût.

Lorsqu'il est question d'effectuer une plantation, il est certaines dispositions qui deviennent nécessaires pour éviter les mécomptes, les incertitudes et la confusion du moment quand il s'agira de placer les racines ou les jeunes plants. Avant de procéder à cette opération, le terrain destiné à recevoir les plantes doit se trouver en rapport avec l'exposition. Deux choses sont donc ici à considérer : 1° l'exposition la plus convenable à la plante, celle qui peut le mieux contribuer à son parfait développement ; 2° l'effet qu'elle produira dans la situation où on l'aura placée. Nous appelons ce deuxième aperçu la *prévision* de l'amateur.

En procédant par analyse, nous disons, le dahlia végétait ordinairement dans une plaine découverte, plaçons-le donc dans un lieu espacé, dans une exposition ouverte et sur une terre bien aérée. L'expérience et le bon sens nous disent que c'est une nécessité, car, si l'on veut que la plante s'élève à une grande perfection, il faut qu'elle soit soumise à l'influence immédiate et bienfaisante de l'air ambiant et du soleil, toujours et pendant longtemps. En un mot, son exposition la plus favorable serait celle qui la présenterait successivement vers le levant, le midi et le couchant. Peu importe qu'elle soit abritée du côté du nord. Ceci n'est pas cependant sans exception, attendu que l'on n'est pas toujours dans la possibilité de leur procurer ce large avantage. Par prudence, on est même forcé d'y renoncer dans certaines localités, comme dans le midi, où le dahlia ne peut supporter que l'exposition de l'est, celle d'un soleil trop brûlant lui étant très-nuisible.

Dans telle situation que se trouve cette plante, il faut lui éviter l'ombre projetée par des arbres trop rapprochés, ainsi que les égouttures de leurs branches et de leurs feuilles. Généralement le dahlia redoute le voisinage de toute plante, même celui de ses congénères à une très-petite distance.

Jamais, sans doute, il ne viendra à l'idée de personne de placer des dahlias dans un lieu étouffé, mais on pourrait, sans autrement y réfléchir, ou faute de pouvoir mieux faire, les planter dans un terrain creux ou dans la partie basse d'un jardin. On aurait grand tort, car ces dahlias pourraient ne pas réussir, ils y éprouveraient une humidité beaucoup trop grande, qui ne serait peut-être pas compensée par une sécheresse constante, ce qui ne s'obtient pas à volonté. Cette humidité persévérante peut encore devenir très-préjudiciable aux racines tubériformes du dahlia, car, aux approches de l'automne, elles se trouveraient tellement imbibées d'eau, qu'il serait difficile de les sécher pour les conserver pendant l'hiver. Cette garantie continuelle d'humidité ne serait point du goût d'un amateur, si, comptant sur une brillante floraison, il n'obtenait en définitive que de belles masses de verdure et quelques fleurs rares et chétives.

La situation du dahlia, pour produire un effet agréable, est une affaire purement de goût. Quand on n'a pas l'intention, en le cultivant, d'obtenir des sujets rares et de la dernière perfection, tels que les désire un amateur qui en fait ses délices, qui peut y consacrer tous ses soins, et surtout subvenir aux grands frais que nécessite une culture de premier ordre, il faut ne viser qu'à l'effet.

Par exemple, on peut obtenir de très-beaux effets en réunissant beaucoup de dahlias pour en former un massif qui figurerait une petite forêt toute fleurie. Le contraste des couleurs, leurs variétés, leur éclat, formeraient un ensemble ravissant et tout à fait pittoresque.

On peut encore employer le dahlia comme fleur de milieu dans les plates-bandes des grands parterres.

On peut, en les distribuant en groupes, couper l'uniformité des pièces de gazon. On peut en orner une allée de jardin, en former une avenue très-agréable approximant un manoir.

Les dahlias peuvent très-bien figurer dans les jardins paysagistes, sur quelques lisières bien exposées, ou dans quelques clairières pas trop resserrées, entremêlés avec des abrisseaux, à certaine distance cependant. Partout ils produiront un effet d'autant plus agréable que, lors de leur floraison, vers la fin de l'été, ces arbrisseaux ayant perdu leurs fleurs variées, on ne rencontre plus que des couleurs jaunes, bleuâtres ou gris de lin, sur lesquelles celles des dahlias, extrêmement vives, trancheront admirablement bien.

Par cette même raison, on peut les réunir, en cette même saison d'automne, dans les serres. Ils en feront le plus bel ornement placés sur des gradins avec goût parmi ces arbrisseaux élégants qui, alors, n'offrent plus qu'une fraîche verdure.

Si, enfin, on veut se faire honneur d'une belle et riche plantation de dahlias; si on veut y montrer un certain luxe, produire une espèce de féerie, mériter les suffrages flatteurs des dames, dont le goût est si délicat, si exquis, on dirigera cette plantation sur une grande échelle.

On dressera une allée bien découverte, assez spacieuse, onduleuse sur son plan, sinueuse dans son prolongement, sur les deux côtés de laquelle s'élèveront des talus formant amphithéâtre. Au moment de la floraison, qui se renouvelle et se prolonge plus qu'aucune autre, chacun se récriera sur une telle magnificence!... En effet, l'œil se promènera avec complaisance sur les nombreuses fleurs qui se présenteront avec toutes les variétés de formes, avec toutes les nuances imaginables de couleurs, qui rivaliseront de fraîcheur : ce sera un spectacle éblouissant!

Quelles que soient les intentions de l'amateur et celles du cultivateur dans un but plus sérieux, il faut que tous deux se conforment à des dispositions matérielles indispensables et uniformes. Il sera nécessaire d'en bien calculer les distances, les écartements, suivant ce que l'on aura en vue pour produire un bon résultat, soit comme ensemble, soit pour distinguer certains dahlias de prix.

Il est évident que l'amateur, qui préfère les fleurs dont le mérite individuel peut les placer avec avantage au-dessus de fleurs rivales, prendra de plus grandes précautions dans l'arrangement. Il en sera de même pour les plantes que l'on destine aux concours : ou devra les placer de manière à ce que l'on puisse les soigner et les examiner commodément.

Les dahlias seront placés à deux ou trois pieds de distance pour que leur tête puisse s'épanouir en toute liberté. Le bon sens veut que ceux qui doivent beaucoup s'élever soient placés derrière ceux qui n'atteindront pas la même hauteur. Le bon goût veut aussi que l'on ait égard aux nuances des fleurs, à leurs couleurs. Leurs constrastes ne peuvent produire que de beaux effets, des effets pittoresques. Elles peuvent trancher entre elles sans nuire à l'harmonie : rien n'est piquant comme de voir du blanc à côté du brun, du jaune auprès du ponceau, etc. C'est à l'art ensuite à assortir les formes et les grandeurs des fleurs. Quelle grâce aurait une fleur de deux pouces de diamètre, quoique pleine et belle en tous points, à côté d'une autre dont le diamètre serait de quatre ou cinq pouces! Tout ceci bien prévu, bien exécuté, il ne restera plus qu'à entretenir autour de ces massifs, de ces plates-bandes, de ces allées, des bordures d'un beau vert, et au pied des plantes une propreté parfaite.

Si les cultivateurs plantent sur une seule ligne, alors les dahlias les plus élevés occuperont le milieu de la longueur de la ligne; les autres se dirigeront jusqu'aux deux extrémités, suivant leur hauteur respective : cet arrangement produira un très-bon effet. Cette manière de planter est convenable à des dahlias distingués. Là, se trouve toute facilité pour les soigner et les examiner en tous sens et tout à loisir.

Lorsque l'on plante sur deux lignes parallèles tracées sur une même planche, chaque pied doit être placé à quatre pieds d'écartement, et à deux ou trois pieds de distance entre les lignes, en manière de quinconce.

On peut également planter sur trois lignes, en réglant la distribution par hauteur, de sorte qu'aucun des dahlias ne puisse nuire à ses voisins.

On a vu des plantations sur cinq rangs ou lignes. Il faut que les espaces soient grands pour procurer aux amateurs la facilité d'admirer les belles fleurs de ces plantes, et au cultivateur celle de les soigner.

Si elles étaient plus rapprochées, elles formeraient alors un buisson qui n'obtiendrait qu'un seul coup d'œil bienveillant.

Les fleurs destinées aux concours exigent des soins encore plus scrupuleux, attendu qu'il faut les examiner sous tous les points de vue. L'air doit circuler autour de ces plantes de choix avec aisance. Il est important que les pieds des visiteurs ne foulent point leurs racines, qu'elles puissent recevoir les arrosements sans dommage, ainsi que les labours du cultivateur. Il doit donc se trouver entre les lignes des allées une largeur de deux à trois pieds pour opérer ces mouvements sans danger pour elles.

La saison suivante, on pourra placer les dahlias sur ces allées mêmes. Elles deviendront à leur tour plates-bandes, toutefois après les avoir relevées. Ce changement évitera les inconvénients qui peuvent résulter d'une plantation faite toujours dans la même terre. On sait que le dahlia épuise considérablement le sol.

On plante enfin des dahlias sur des murs en forme d'espalier. Cela peut produire un fort bel effet lors de la floraison; ce sera une riche tapisserie, voilà tout, car la plante asservie perd toute sa grâce : elle est bien autrement admirable lorsqu'elle croît en toute liberté.

TUTEURS.

Notre charmant dahlia est une plante herbacée naturellement faible et dénuée de tout moyen de résistance lorsqu'elle aura acquis une certaine élévation. Elle réclamera alors l'appui d'un tuteur pour la protéger contre la furie des vents et l'accablement des lourdes pluies orageuses : il est sage de prévoir ce besoin. Quelques cultivateurs intéressés ou insouciants ne lui procurent le tuteur que lorsqu'elle s'élève déjà à une hauteur assez considérable, et souvent après qu'elle a déjà éprouvé de grandes avaries. Ces cultivateurs ont grand tort, car il peut résulter de ce retard, en sus des dommages déjà éprouvés, un autre dommage non moins grave. En enfonçant tardivement le tuteur au hasard, sa pointe peut froisser, écraser, même transpercer les racines.

Il est donc prudent de le placer au milieu de l'auget à l'avance, ou même au moment où l'on y dépose la racine; alors on pourra la placer elle-même convenablement près du tuteur, sans crainte de nuire à aucune de ses parties.

Si, par telle raison que ce fût, on ne voulait pas admettre sitôt les tuteurs qui, effectivement, deviendraient assez choquants par leur nudité, et pendant un assez long temps, on pourra leur substituer des bouts de baguettes qui auraient l'avantage de préparer la voie aux tuteurs, sans qu'il pût en résulter aucun inconvénient à l'instant où ils prendraient leur place.

Ce tuteur de bois dur, d'un pouce et demi de diamètre ou plus mince s'il est en fer, sera épointé à son extrémité, et enfoncé perpendiculairement dans la terre à la profondeur d'un pied et demi, ou plus : il sera assez haut pour soutenir la plante presque jusqu'à son sommet supposé. Nous verrons plus bas comment il faudra l'y assujettir.

Des treillages de 4 pieds de haut parfois remplacent les tuteurs. On les établit sur des murs, ou au long de quelques allées. Cette position ne présente rien de très-favorable pour le dahlia ; il s'y trouve placé dans un état de contrainte qui lui ôte sa grâce naturelle, la plate-bande fût-elle bien entourée de gazon frais ou de staticé, et les allées fussent-elles bien ratissées, bien sablées. Les dahlias sont à la vérité plus à l'abri des coups de vent ; on peut y déguiser la faiblesse des pédoncules en les assujettissant aux treillis, mais, aujourd'hui que nos fleurs sont vigoureuses et bien pédonculées, nous abandonnons bien volontiers cette disposition si sévère et si peu élégante à nos voisins d'outre-Manche : ils vous diront froidement qu'ils ne voient que les fleurs.

Quelques cultivateurs placent trois tuteurs à chaque plante ; leur intention est d'assurer chacune de ses parties. Ainsi attaché, le dahlia se trouve encore dans une attitude fort peu gracieuse. Ne faut-il pas déguiser ces supports? On veut voir la plante agréablement disposée, parfaitement couronnée par ses fleurs nombreuses. Que sera cet ensemble lourd et matériel ? Un simple pieu suffit, il se dérobe facilement à l'œil. Ce pilotis pourrait, tout au plus, convenir à une plante très-vigoureuse isolée au milieu d'une pelouse ouverte, en butte à tous les vents, et malgré ces précautions, comment garantira-t-on les fleurs de leur impétuosité? Ce luxe de tuteurs est le fait d'un goût tout particulier.

Quelques personnes ont encore employé, en guise de tuteurs, des chevilles pour fixer les jets ou les rameaux des dahlias à une distance au-dessus de terre, de manière à former un plan à vue d'oiseau. On plante ces dahlias à une distance calculée, en sorte que l'extrémité des branches d'un sujet devra couvrir toute la tige de la plante voisine. Il résultera de cette disposition une uniformité de tiges de fleurs formant un massif peu élevé qui ne laissera pas de produire un assez joli effet : reste à savoir si la fleur ne souffre pas de cette contrainte. On cite comme ayant fait merveille dans cette direction, le *globe de pourpre*, le *springfield-rival*. Cette fantaisie, comme ornement de jardin, peut avoir son mérite; mais, selon nous, de belles plates-bandes couvertes de dahlias bien espacés, soutenus par des tuteurs invisibles, seront toujours préférables à tous ces échafaudages, murs et treillages, qui bornent l'espace, arrêtent la vue et empêchent la lumière de se refléter de tous les côtés sur ces jolies fleurs.

GOUVERNEMENT

DES DAHLIAS EN PLEINE TERRE.

Toutes les dispositions faites dans l'intérêt du cultivateur, ou suivant les intentions de l'amateur ou du propriétaire, il ne s'agit plus que d'opérer la plantation, de la gouverner jusqu'au moment où il faudra récolter les graines et enlever les racines.

On place les dahlias en terre au printemps, suivant que la saison se présente favorablement, car les gelées tardives sont toujours à craindre. L'époque la plus convenable est la fin d'avril ou le commencement de mai. Les plantes, alors, peuvent très-bien s'enraciner, et prendre des forces suffisantes pour braver les sécheresses ou les pluies qui surviendront infailliblement; elles auront un plus long temps pour arriver au terme de leur floraison avant le mois d'octobre. Les plantations de juin et de juillet ont à craindre, lors de leur floraison, les gelées précoces d'octobre, qui peuvent les endommager et même les détruire avant l'épanouissement de leurs premières fleurs.

Si, en mai, on a lieu de craindre encore quelque accident, il suffira pour le prévenir d'abriter les jeunes plantes sous un pot, sous un panier, ou tout autre abri quelconque.

Il est des amateurs, qui, à cette époque, par surcroît de prudence, plantent provisoirement leurs dahlias en pots, et les placent au pied d'une muraille à l'exposition du midi, les abritant suivant les variations de l'atmosphère. Ou bien, pour se donner moins de peine, ils les mettent sous châssis à froid, pour ne les placer définitivement en pleine terre que dans le commencement de juin. Il est certain que l'on a vu, mais rarement, des gelées endommager les cultures à cette époque.

Un auget de quinze à vingt pouces de diamètre recevra chaque touffe de dahlia, ou le dahlia élevé en pot. Les racines seront à cinq ou six pouces au-dessous de la superficie du sol. On recouvrira la plante de terre; on remplira le surplus de l'auget avec du terreau, et l'on paillera le bassin pour que la terre ne puisse se fendre ou trop se dessécher. On arrosera légèrement pour assurer la terre autour de la racine. Les arrosements deviendront plus fréquents à mesure que la plante se développera, ou lorsque les chaleurs seront continuelles. Si le développement de la plante est trop considérable, si la plante parait trop touffue, on ne laissera croître qu'une seule, au plus deux tiges, en retranchant les rameaux qui seraient près de la terre. Lorsque la plante sera suffisamment élevée, on l'assujettira au tuteur provisoire ou au tuteur permanent avec un osier très-menu, que l'on ne serrera pas trop dans la crainte de gêner sa croissance, sauf à le resserrer si elle se trouvait trop tourmentée par le vent.

Si la plantation était en espalier sur un mur ou sur un treillage isolé, on dirigerait les rameaux de droite et de gauche, retranchant ceux du bas sur le devant ou en arrière de la plante comme inutiles. Les précautions d'attacher les tiges et les rameaux ont pour but de les empêcher de devenir le jouet des vents, ou de s'éclater par leur propre poids, surtout après des pluies fortes et très-précipitées. Les touffes isolées seront dirigées de manière à se présenter toujours avec grâce, suivant leur nature : c'est une affaire de goût. Jusqu'ici, il ne s'agit que de garantir la tige principale, de lui réserver une grande force de végétation par la suppression de quelques rameaux parasites.

Mais il arrive que la plante s'élève beaucoup plus qu'on ne le désirerait, ou qu'elle devient par trop touffue ; c'est dans ces circonstances qu'il faut appeler l'art à son secours. *Tailler* et *ébourgeonner* devient une nécessité. Il est bien rare de rencontrer des sujets ou des variétés qui ne réclament ni incision ni suppression.

Un beau dahlia se présente, sa taille est gigantesque (6 à 7 pieds), ses fleurs, au diamètre de quatre pouces, ne sont point en proportion avec une telle élévation; ces fleurs paraissent grêles, cependant elles sont parfaites. Hé bien !... le seul défaut d'harmonie entre elles et leur tige devient un motif de répulsion pour cette variété. Que faire pour rétablir cette harmonie désirable? Enterrer au moins à deux pouces les deux yeux qui se trouveront près du collet de cette plante. Ces deux yeux donneront bientôt deux drageons indépendants de la tige. Celle-ci étant parvenue à la hauteur de six à huit pouces, on l'amputera ; huit jours après, on amputera également l'un des deux drageons. Celui qui aura été réservé deviendra tige principale, mais elle ne s'élèvera pas à plus de quatre pieds par l'effet de cette opération.

La séve aura éprouvé une altération sensible par l'absence de ces deux organes supprimés. La plante, ainsi gouvernée, se trouvera ramenée à une proportion convenable.

On obtient encore le même résultat en greffant un rameau de dahlia *géant* sur un tubercule. On le réduira, par cette opération, à moins de quatre pieds de hauteur, par la raison que le tubercule greffé fait obstacle à la propagation tuberculeuse dépendante des boutures.

L'ébourgeonnement est encore un moyen employé pour remédier à quelques inconvénients qui font tort à grand nombre de plantes magnifiques, dont les fleurs sont tardives ou peu nombreuses, ou masquées à la vue par leur feuillage. Ce sont là de graves défauts aux yeux d'un amateur sévère.

Un habile horticulteur fait disparaître ces défauts en détachant adroitement, du haut vers le bas de la tige, les sous-bourgeons peu avancés, qui céderont facilement à la moindre pression. Si on retarde cette opération, on se verra obligé, pour l'effectuer, à employer une lame tranchante, ce qui tire bien plus à conséquence, car il faut que la plante n'en paraisse point offensée et encore moins défigurée; il faut, pour l'honneur du cultivateur, qu'il n'en reste aucune trace.

Il résulte de cette opération, que la séve, ainsi ménagée, se divise plus particulièrement vers les rameaux réservés et vers les fleurs. C'est alors que l'on peut espérer les voir nombreuses et parfaitement développées.

Il est encore des dahlias fournissant de nombreux

rameaux qui leur donnent l'apparence d'un gros buisson. On sait que, généralement, cette plante n'affecte pas la forme pyramidale, mais cette tournure massive contraste parfois bien désagréablement avec celle de quelques autres plus sveltes et plus élancés, c'est-à-dire mieux proportionnés, et cela souvent au milieu d'une riche collection, il faut donc y avoir attention. Pour rendre ces touffes à l'élégance qu'il leur conviendrait, on supprime les rameaux qui se présentent mal, ou qui se trouvent trop rapprochés les uns des autres, ou qui se croisent. Par cette suppression bien calculée, bien exécutée, les rameaux seront réduits à cinq ou six bien affilés, bien alternés, seulement accompagnés de quelques sous-rameaux bien placés.

C'est ainsi que l'on peut rendre à cette plante toute la grâce dont elle est susceptible, c'est ainsi, encore, qu'on peut lui restituer l'air, qui, avant cette opération, ne pouvait circuler que très-difficilement au milieu de ce feuillage inutile.

Avant d'opérer cette taille, il faut observer si le sujet est très-vigoureux ; dans ce cas, il ne faut le tailler qu'à la première floraison. La séve se rejetant avec une trop grande abondance dans la tige, elle s'élèverait démesurément ; si, au contraire, la plante, faible de sa nature, paraît disposée à devenir très-touffue, il faut tailler les pousses à certaine distance, à mesure qu'elles se présentent. La séve se trouvera ainsi diminuée peu à peu, et la plante n'offrant aucun vestige de cette taille se présentera telle qu'on a pu la désirer.

ARROSEMENTS.

L'arrosement est une partie essentielle et très-importante de la culture du dahlia. En général, on doit les multiplier en raison du plus ou du moins d'activité de la végétation, de la sécheresse et surtout de la chaleur du temps. A cet égard, le cultivateur attentif ne pourrait faire faute ; les plantes elles-mêmes font connaître leurs besoins. Il faut seulement suspendre les arrosements lorsque les fannes sont totalement amorties et que toute végétation a cessé. Il ne reste plus qu'à maintenir la terre dans un certain état de sécheresse jusqu'à l'époque où les racines seront enlevées.

On arrose suivant les circonstances ; par exemple, lorsque l'on met le dahlia en place pour asseoir la terre ; on l'arrose lorsque, par un temps de sécheresse, on le voit fléchir. Généralement, il faut ménager les arrosements pour ne pas donner lieu à la séve de s'emporter à un tel point que la tige s'élèverait à une hauteur considérable, ce qui lui ferait perdre tout ses avantages auprès des amateurs, ainsi que nous l'avons déjà dit.

Le dahlia, cependant, aime l'eau ; sa contexture indique sa force d'absorption ; il faut y pourvoir, mais avec discernement, après le coucher du soleil, au moyen d'une pluie factice et très-fine ; car il s'agit ici d'aider seulement la formation des boutons et des fleurs, et non pas d'activer par trop d'eau la végétation de la tige, qui doit avoir atteint sa hauteur naturelle.

Les racines nombreuses du dahlia désséchent la terre, c'est là où les arrosements sont nécessaires pour entretenir la fraîcheur sur leur bassin; mais, lorsque les pluies surviendront, lorsque les chaleurs ne seront plus si vives, lorsque les jours plus courts rendront les nuits plus longues et plus fraîches, il faudra supprimer les arrosements; il sera nécessaire, alors, de butter le pied des dahlias pour recouvrir les tubercules déchaussés par l'effet des arrosements, et de les préserver des gelées fortuites; il faut bien se persuader qu'une surabondance d'humidité nuit à la qualité et à la quantité des fleurs.

Dans un temps très-chaud, l'évaporation du sol est rapide, pour conserver la fraîcheur aux pieds des racines et ne point avoir continuellement l'arrosoir à la main, on peut placer autour de la tige de la mousse, des ramilles d'arbres, de menues écorces. On prétend que l'emploi de ces matériaux fait acquérir une grande vivacité aux couleurs des fleurs unies, et que, au contraire, il peut nuire aux fleurs rayées ou pointillées. Il faut, toutefois, se méfier des insectes qui peuvent se réfugier dans ces broussailles et faire grand tort à la plante. En définitive, ce moyen ne peut être employé prudemment que lors d'une excessive sécheresse. Il vaut beaucoup mieux employer le fumier de vache nouveau, toujours frais et peu susceptible de servir de refuge aux insectes; ou encore, tout simplement, du terreau consommé.

DES ANIMAUX NUISIBLES.

Les aimaux qui sont le plus à redouter pour les semis et pour les jeunes pousses du dahlia sont : les *loches*, les *limaçons*, les *limaces*, les *perce-oreilles*, les *vers blancs* ou *larves de hanneton*, et quelques autres beaucoup plus petits, mais non moins nuisibles à la plante.

Les limaçons et les loches exigent une surveillance active matin et soir, surtout par les temps humides. Ces insectes pâturent la nuit, détruisent les boutons de la plante, et souvent aussi l'espérance du cultivateur. Le limaçon se dénonce lui-même par sa trace empreinte d'une matière glutineuse brillante. On le trouve au repos au pied des tiges. Pour mieux le surprendre, on forme de distance en distance de petits amas de son dont il est assez friand ; ou bien on place quelques petites planchettes élevées à l'encontre du nord : on est bien sûr de les trouver réunis sous cet abri, où ils éviteront la grande chaleur du jour.

Les *loches*, et particulièrement celles de la petite espèce, offrent plus de difficultés dans leur poursuite ; souvent leurs dégâts seuls attestent leur présence. Un temps froid et humide les encourage, et leurs ravages ne peuvent pas toujours être réparés par une végétation active. Elles rongent les premières pousses jusqu'à rez-terre. Si ces pousses ne périssent pas, elles restent naines ou ne font que des buissons bas, dont la floraison très-tardive n'est souvent ni belle ni très-nombreuse. Cet accident naturel a dû donner la première idée du mode adopté pour réduire un dahlia en pinçant sa tige.

Le *vers blanc* est très-redoutable. Les anciens et les nouveaux tubercules sont impitoyablement rongés ; malheur à la plante s'il détruit l'épiderme de la tige dans tout son pourtour, la plante est perdue.

Dès que l'on s'aperçoit que les feuilles du jeune dahlia fléchissent, assurément les vers blancs sont au pied. Il faut le déplacer et fouiller la terre pour les détruire, après quoi on remet la plante à sa place. Si cette plante est déjà forte, on la déchausse jusqu'au collet, on pratique un trou assez grand pour atteindre l'insecte, tout en ménageant les racines latérales qui entretiennent la vie de la plante. Le mieux, pour s'en garantir, serait d'user de prévoyance en sondant son terrain à l'avance. Vers la mi-octobre on laboure profondément et à bêchées minces le terrain destiné à une plantation, pour mieux démêler les vers qui sont de plusieurs grosseurs ; les plus petits sont ceux nouvellement pondus. Les fraisiers, les laitues seraient d'un grand secours en les faisant servir de bordures aux planches que l'on destine aux semis et aux plantations de dahlia. Au printemps on peut également semer quelques petites laitues çà et là dans les planches mêmes qu'il faudra visiter tous les jours. Sitôt qu'on verra fléchir ces plantes servant d'appât, on trouvera l'insecte en flagrant délit. Les fraisiers en bordure lui serviront de retraite et de curée également. Ce serait là le complément du dernier labour d'automne.

La *courtillière* coupe entre deux terres les jeunes plantes. Si la couronne n'est pas attaquée, le dommage se répare naturellement par une nouvelle pousse du pied. Pour détruire cet insecte, on dit qu'il faut verser d'abord de l'huile sur le trou, et ensuite de l'eau pour conduire cette huile dans les sinuosités du repaire de l'insecte. Mais est-on bien sûr d'adresser à son trou et de l'y rencontrer? La courtillière en change si souvent. Si le hasard favorise le chasseur, ce qui est fort douteux, l'insecte est perdu, il vient expirer à l'air.

La prévoyance est encore ici de nécessité. Si, avant la plantation, on a lieu de suspecter leur présence, soit dans une planche, soit dans une couche, l'on peut vérifier ce soupçon en mouillant d'abord la terre et en trépignant ensuite, après quoi on égalise cette surface : ceci se pratique le soir. Au matin, on est bien sûr d'apercevoir la traînée des courtillières, s'il en existe dans cette terre. Quand on a acquis la certitude que le sol en est infecté, il faut, pour les détruire, employer tous les moyens convenables.

On enfonce à la profondeur de deux pouces environ des planchettes autour de la plate-bande infectée, réservant seulement aux encoignures un petit espace, au-dessous duquel on place un pot rempli d'eau enfouie dans la terre. On arrose légèrement la terre le long des planchettes pour attirer les insectes. Les courtillières suivent ces remparts humides, et tombent inopinément dans les pots où elles se noient.

On peut encore enfouir de petites cloches renversées à la profondeur d'un pouce au-dessous du niveau de la terre. On les y assure en battant la terre dans leur pourtour en forme de talus. L'insecte s'avance sans méfiance, et tombe malgré lui dans le précipice entraîné par la pente. Il est à observer que ces cloches doivent toujours couper les traces des courtillières.

Ces piéges peuvent également se façonner avec des pots à fleurs. On prétend que les courtillières peuvent être détournées de ce piége par l'odeur que peut laisser les mains du jardinier ; conséquemment, on croit convenable d'enfouir ces pots les mains revêtues de vieux gants, et de façonner leur entourage avec une spatule de bois... libre à qui bon semblera d'user de ce moyen.

Enfin quelques-uns croient pouvoir détruire ces misérables insectes, sans plus de façon, en arrosant la terre avec une eau de savon noir.

Les *perce-oreilles*, si on n'y faisait attention, dévoreraient boutons, fleurs et feuilles. Pour première précaution, il faut placer au sommet des tuteurs des petits cornets de papier ou autres réceptacles dans lesquels ces insectes se retireront infailliblement lorsque le soleil commencera à éclairer leurs manœuvres. La seconde précaution consistera en une visite matinale pour les déloger et les détruire de suite.

Des fleurs se trouvent altérées sans qu'on puisse en apercevoir la cause sur le moment. L'auteur du dommage n'est peut-être pas loin ; c'est une chenille de couleur vert d'eau léger, provenant d'un papillon de nuit ; elle est assez grosse, très-dévorante, et bien plus friande des fleurs que des feuilles. Dès qu'elle a satisfait son appétit, elle se retire dans la fleur voisine où elle recommence sa manœuvre si on ne l'en déloge ; ses déjections décèlent sa présence fort souvent.

Une maladie non moins funeste aux dahlias que les

insectes est la *grise*. La séve altérée laisse s'établir une quantité de petits insectes du genre acarus, qui réunis forment une masse grisâtre. Il faut croire que cette maladie provient d'un malaise occasionné par la maigreur du sol, ou par l'effet d'une grande sécheresse ou d'une privation quelconque. Les pluies, ranimant la vigueur de la végétation, en font justice ; néanmoins il est sage, dès qu'on s'en aperçoit, d'améliorer le sol, de dépouiller la plante des mauvaises feuilles, d'arroser et de seringuer le feuillage par-dessous. On ne peut guère détruire la grise que sur des plantes enfermées dans une serre, sous châssis ou sous cloche, et par le moyen de fumigations de tabac.

ÉPOQUE DE LA FLEURAISON.

Le dahlia fleurit, donne sa graine et parcourt le cercle de sa végétation dans la même année. Le dahlia provenu d'un semis fait de bonne heure l'accomplit tout aussi bien. Après avoir rempli toutes ces conditions, il continue encore de végéter jusqu'à ce qu'une gelée vienne le frapper. Il est si vivace que sous un climat dont il n'aurait rien à redouter, il serait, sans aucun doute, toujours couvert de feuilles et de fleurs, car les germes du collet s'ouvrant successivement, remplaceraient les tiges frappées de nullité, parce qu'elles ne donnaient plus passage à la séve.

L'exposition contribue beaucoup à l'avancement ou au retardement de la fleuraison; elle sera belle et abondante pour le dahlia bien exposé en plein air. Ses fleurs, pour s'épanouir sans contrainte, ne réclameront que l'influence d'une atmosphère chaude et d'un soleil tant soit peu voilé ; leur coloris y gagnera considérablement, car les rayons ardents de cet astre pourraient beaucoup trop hâter l'épanouissement des fleurs aux dépens de leur durée.

Si, dominé par la crainte d'éprouver ces inconvénients, on rentre ses dahlia en caisse dans une serre, on en éprouvera un autre ; ils ne fourniront plus de boutons susceptibles d'arriver à une certaine perfection.

La fleuraison présente mille accidents curieux et souvent imprévus dont il est bon de se rendre compte ; elle se présente aussi avec une magnificence d'ensemble et de détails qui nous a fait naître l'idée d'un article tout particulier que nous intitulerons : *Mérites de la fleur du dahlia.*

Au commencement et à la fin de chaque fleuraison, quelques variétés de fleurs doubles, et toujours les mêmes, se font remarquer par l'émission de fleurs simples ou semi-doubles. Cette dégénérescence momentanée n'a pas lieu sur le plus grand nombre des dahlias à fleurs pleines.

On ne peut assimiler les fleurs simples venues sur une ancienne plante à celles également simples provenant d'un semis de l'année ; ces dernières sont toujours plus belles que celles qui viennent après, et les autres le sont moins.

Voici une variante assez remarquable dans la fleuraison. Selon les années, la même variété est double sur un pied et simple sur un autre pied à côté, sous les mêmes conditions de sol et de culture. Un auteur croit que ces accidents particuliers sont naturels à la plante. Il n'en est pas trop certain cependant, puisqu'il convient qu'une telle anomalie est bien plus rare lorsque la culture de la plante est plus soignée, et que son exposition est plus largement aérée. Ce fait a une cause néanmoins. Suivant un cultivateur, grand praticien et bon observateur (*), ces accidents tiennent, non pas à une seule cause, mais à deux, qui à la vérité, nous dit-il, ne laissent point de signes apparents que les plantes ne sont pas sous les mêmes données, quoique les effets soient plus ou moins sensibles, selon les années. La première est dans le choix des germes, dans lequel on doit préférer ceux qui se présentent naturellement à ceux qui venant après ont été plus ou moins forcés. La seconde est la séparation des tubercules entre eux lorsque les germes sont trop avancés. En effet, des germes mal ou moins bien conditionnés que d'autres pourront supporter plus difficilement les contrariétés de l'atmosphère, et souffrir davantage lors de leur développement. Ces plantes ne sont donc pas sous l'influence des mêmes données, quoiqu'elles en aient l'apparence. Les principes puisés dans la nature sont toujours subsistants. C'est au cultivateur à observer les différentes circonstances qui les déguisent sans les altérer. Si enfin on ajoute, comme circonstance très-aggravante, que la température s'est maintenue longtemps basse après la séparation des germes et leur mise en pleine terre, on pourra expliquer

(*) M. le comte Lelieur.

avec assez de probabilité comment, selon les années, quelques variétés fleurissent simples, et comment d'autres semblables restent doubles sur le même sol.

Quel plus grave accident qu'une température extraordinaire, une température inattendue, des pluies froides, une terre sans chaleur, de grands vents? C'en est bien assez, c'en est beaucoup trop pour rendre une fleuraison languissante. Des boutons formés lentement ne pourront plus produire que des couleurs sans vivacité et sans pureté. Il pourrait en résulter une perturbation totale parmi les fleurs; quelques-unes pourraient même cesser de doubler; des variétés de couleur rouge pourraient tomber dans le jaune.

On attribue ces altérations de forme et de couleur à la formation lente et pénible des boutons occasionnée par le ralentissement ou le manque d'une séve suffisante. Ce n'est point une raison pour désespérer des dahlias de semence qui fleuriraient tard, et en général de ceux qui auraient éprouvé des contrariétés quelconques, et même les ravages de certains insectes : avec des soins on peut les ramener.

On peut encore citer comme une particularité fort curieuse cet autre changement de couleur qui s'opère sur certaines fleurs appartenant à des variétés en pleine vigueur; variétés toujours les mêmes, et cela depuis le commencement jusqu'à la fin de la fleuraison complète. Rien n'est plus singulier que l'aspect de ces touffes où ces variétés de couleur ont lieu successivement. On en cite une dont les quelques fleurs ou portions de fleurs seulement passent du cramoisi très-foncé au pourpre clair. La cause de ce phénomène est inconnue au possesseur de cette variété. Il pense que cette connaissance acquise donnerait les moyens d'opérer à volonté les changements de couleur sur les sujets qui s'en sont montrés susceptibles. On verra à l'article *coloration* que la nature seule peut opérer ainsi au moyen de ses procédés chimiques.

Dans les plus beaux jours de la saison, les fleurs du dahlia nouvellement écloses ont une fraîcheur, un éclat qui à peine se conservent pendant une journée dans toute leur plénitude. Elles ne sont pas encore sans beauté durant quelques jours qu'elles restent entières sur la plante ; car pour favoriser le renouvellement, ou pour procurer plus de vigueur à celles que l'on réserve, il faut les supprimer dès qu'elles commencent à se détériorer. C'est bien là le cas de profiter de cette abondance de fleurs pour en parer ses appartements. On les maintient en fraîcheur dans des vases remplis d'eau. Un véritable amateur se plaît à les exposer avec choix, avec goût dans un cadre horizontal disposé pour les réunir, les vides remplis d'une mousse fine et verdoyante qui les fait ressortir toutes individuellement. Cette disposition est d'autant plus commode qu'on peut les renouveler à volonté. Ce serait un riche échantillon des nombreuses beautés disséminées çà et là dans un vaste jardin.

Tous les soins que réclame la fleuraison en général ne sont rien à côté de ceux qu'exigent les dahlias destinés aux expositions. Ces soins commencent rigoureusement au moment où l'on confie la plante à la pleine terre. Sitôt que les pousses latérales paraissent, on les coupe pour ne conserver que les jets les plus vigoureux, qui produiront une tête touffue et uniforme, surmontée par des fleurs belles, franches de couleur et de forme. Les boutons qui se présentent mal sont supprimés ; toute la force est réservée pour les fleurs sur lesquelles reposent les espérances du cultivateur. Il est bien permis de régulariser leur développement, d'ajuster les pétales pour les maintenir dans un ordre parfait, mais il est déshonnête d'en introduire d'étrangers sans aucun scrupule. Heureusement les membres composant le jury, ainsi que les connaisseurs, savent bien faire justice de ces *rapetassages.* Mais un amateur probe et confiant peut encore en être dupe !... Ces chères fleurs, il faut encore les ombrer, surtout les variétés blanches ou de couleur claire ; les rayons du soleil pourraient altérer la pureté de leurs nuances.

Enfin la lutte s'engage ; heureux celui dont le suffrage universel compense les mille et mille soins prodigués à sa plante chérie !

Nous allons bientôt considérer dans l'article *mérites de la fleur du dahlia*, toutes les conditions exigées pour obtenir cette couronne ; mérites réels qui font regarder en pitié ces malheureuses victimes de la fantaisie, ces *dahlias nains*, que l'on amaigrissait dans une terre pauvre mélangée de sable de rivière en abondance, pour en obtenir seulement une confusion de fleurs disparates.

OBSERVATIONS

SUR LA COLORATION DES DALHIAS.

On n'a pas obtenu parmi les dahlias la couleur bleue. M. Decandolle est le premier qui ait fait cette remarque. On verra par les observations suivantes, que le bleu pur pour le dahlia serait un phénomène en dehors de toute donnée chimique sur la coloration des plantes.

Voici en premier lieu la remarque de M. Decandolle : « La variation des couleurs dans le dahlia étant du pourpre au jaune, on n'obtiendra jamais par la culture des variétés bleues ; c'est en effet une observation générale que » le jaune et le bleu semblent être des types fondamentaux des couleurs des fleurs, et s'excluent mutuellement. « Le jaune passe souvent au rouge ou au blanc, mais jamais au bleu ; et de la même manière, les fleurs bleues se changent par les semis du rouge au blanc, mais jamais au jaune. »

Cette remarque conduit à l'observation de faits bien intéressants, qui exigeraient une étude sérieuse et principalement chimique.

La constance d'un même système de coloration dans une même plante donne lieu de croire que chaque plante a un type de coloration qui, en se modifiant, donne naissance aux variétés, lesquelles variétés appartiennent toujours à une série provenant directement du type.

Pour bien faire comprendre ceci, il suffira de dire, que la couleur se compose de trois types ou couleurs primitives : *le rouge*, *le jaune*, *le bleu*. Ces trois types, en se combinant deux par deux, produisent trois autres types intermédiaires, que l'on nomme couleurs *binaires* ou composées.

Ce sont l'orangé, formé du rouge et du jaune ; le vert, formé du jaune et du bleu, et le violet, formé du bleu et du rouge. Les nuances résultent des diverses proportions des mélanges. Les tons clairs ou foncés sont des modifications apportées par des éléments particuliers, qui sont le noir ou le blanc. Ainsi une couleur claire est plus blanche qu'une couleur franche ; une couleur foncée est plus noire que cette couleur franche.

Ceci posé, disons un mot de l'influence des agents chimiques sur la coloration ou la décoloration des fleurs. L'acide sulfurique rougit la teinture de violette qui est bleue, comme on sait. La potasse la verdit ; or, dans le premier cas, le bleu est modifié par le rouge ; dans le second, il est modifié par du jaune. Comme ces deux actions sont diamétralement opposées, il faut en conclure, qu'une seule des deux agit sur une plante donnée, et produit une série de modifications dont les limites sont bornées par des modifications produites par l'agent contraire... Prenons des exemples.

Les ancolies, les pieds d'alouettes, les jacinthes sont communément bleues ; c'est-à-dire que le bleu est la couleur fondamentale de ces trois espèces. Supposons un agent acide agissant sur leur coloration. L'acide fera passer la couleur du bleu au rouge par tous les intermédiaires du violet, sans dépasser le rouge normal, c'est-à-dire à l'exclusion de la couleur jaune. Car si cette couleur se produisait, c'est que l'agent *alcalin* aurait remplacé l'agent *acide,* puisque leur action ne saurait être simultanée. Eh bien, il n'y a pas d'ancolie, de jacinthe, ni de pied d'alouettes jaunes ou écarlates. Nous croyons donc que chaque plante a reçu en partage une couleur type que se disputent alternativement les agents alcalins et les agents acides.

Nous disons que dans les plantes, dont la coloration appartient aux séries rouge, orangé et jaune, il ne saurait s'y rencontrer des variétés bleues, parce que probablement la cause, qui les a faites jaunes, peut être modifiée par un agent qui leur donnerait du rouge, mais jamais par une cause qui produirait le bleu, parce que cette cause étant inverse ne saurait agir simultanément sans qu'il en résultât une décoloration complète. Nous ne saurions dire si c'est précisément cette simultanéité de deux causes inverses qui produit les floraisons blanches, mais nous insistons sur le fait, savoir : que les fleurs à types bleus n'ont jamais de variétés écarlates, orangées ou jaunes, parce que ces couleurs sont antagonistes avec le bleu.

En résumé, l'on peut dire avec assurance que toute l'échelle de coloration d'une plante, si riche qu'elle soit en variétés, n'est qu'une suite non interrompue de nuances de deux types se perdant l'un dans l'autre. Nous allons donner une idée aussi nette que possible de notre pensée, en établissant une série de nuances : le premier exemple pour les fleurs à type bleu ; le second pour les dahlias considérés comme l'un des types opposés au précédent :

Échelle des ancolies, pieds d'alouettes, etc.

1. BLEU FRANC, rare.		Ce n° 1 est la couleur type, elle est rare pour les deux espèces désignées.
2. VIOLET BLEU.	types.	Ce n° 2 est la couleur commune ou type de l'ancolie.
3. VIOLET FRANC	types.	Ce n° 3 est le violet des ancolies et des violettes.
4. VIOLET ROSE.	types.	Ce n° 4 est la modification rose la plus ordinaire.
5. ROSE.	types.	Au n° 5 ce rose est déjà plus rare.
6. ROSE DE CHAIR, rare.		Au n° 6 ce rose de chair est déjà presque un empiétement sur les gammes opposées ; aussi ce ton est-il très-rare, au moins dans les espèces que nous citons.

Avant de passer aux dalhias, disons que l'espèce blanche est, ou un affaiblissement prolongé des modifications roses, ou bien une neutralisation de coloration résultant de l'antagonisme des deux principes décolorants, voulant agir simultanément et emportant la coloration dans leurs propres ruines.

Echelle de coloration des dahlias.

0. BLEU nul.	
1. PONCEAU ou ROUGE VIOLACÉ foncé presque VIOLET.	Il entre un peu de bleu dans la composition de couleur de la série 1.
2. POURPRE VIOLET.	Dans la série 2, le bleu a diminué, et successivement jusqu'à la série 6, d'où il a complétement disparu pour laisser le rouge intact.
3. POURPRE.	
4. CRAMOISI.	
5. ROUGE CRAMOISI.	
6. ROUGE NORMAL.	
7. ÉCARLATE. 8. CAPUCINE OU AURORE. 9. JAUNE D'OR. 10. JAUNE VERDATRE.	Dans les séries 7 et 8, le rouge cède insensiblement la place au jaune. Dans la série 9, le jaune règne seul, et dans la série 10 le bleu vient légèrement verdir le jaune. Là se termine la série des variétés de coloration occupant dans l'échelle chromatique les deux tiers de son étendue. Quant aux espèces blanches, elles peuvent dériver de chacune des séries, car elles ne sont que l'affaiblissement de la coloration quelle que soit la couleur dont il est parti.
VERT nul	

On voit dans cet arrangement, que le bleu entrant comme mélange dans les extrémités de cette échelle, il sert de lien pour fermer la série en joignant les deux extrémités. Ce sera donc une chaîne brisée à laquelle manqueront les anneaux violet bleu, bleu, vert bleu, vert, vert jaune, et dont on aura soudé les deux bouts. Nous ne prétendons pas expliquer le

fait, nous voulons seulement montrer par les deux exemples que le bleu et les séries écarlates, orangées et jaune vif ne peuvent se rencontrer. Citons un dernier exemple qui fera la confirmation du premier. La rose parcourt toutes les séries du dahlia, et il n'existe pas de rose bleue.

Parlons des fleurs à types constants, le barbeau, la bourrache n'ont point de variétés jaunes. Les soucis, les œillets d'Inde, les coréopsis n'ont point de variétés bleues C'est donc assez pour nous autoriser à croire que la coloration est soumise à deux actions contraires, dont l'une ne peut se manifester qu'en neutralisant plus ou moins, ou complétement celle qui lui est opposée. D'après cet aperçu, il est difficile de croire que la culture la plus intelligente puisse contrarier ou contraindre cette chimie de la nature*.

M. le docteur Haller a reconnu un principe colorant chimique dans le dahlia, il a envoyé à la Société d'agriculture de Paris une note sur ce principe colorant. Il a trouvé que ce principe est toujours rouge, quelle que soit la couleur des fleurs, et il est analogue au principe colorant de la cochenille. Il est fixe et d'autant plus abondant que la couleur des fleurs est foncée. L'auteur pense que le dahlia mérite sous ce rapport d'être cultivé, et que la couleur qu'on en extrait pourra être très-utilement appliquée.

* M. Chevreul raisonnant sur ce sujet avec M. Clerget son élève, est convenu qu'il est fort difficile de se prononcer sur ce fait naturel qui n'a jamais été étudié. La chimie n'offre encore rien d'analogue et de positif pour l'éclaircir.

LEVÉE ET CONSERVATION

DES RACINES.

Il est prouvé que, sous notre température, la gelée peut endommager les racines du dahlia. Les racines mêmes, qui restent en pleine terre dans nos régions du midi, ont besoin d'être abritées sous des amas de feuilles sèches ou sous une litière quelconque assez épaisse. Il faut donc prendre quelques soins pour les conserver pendant la mauvaise saison.

Vers le commencement d'octobre, sitôt que l'on peut craindre la gelée, on aura la précaution d'entourer le pied du dahlia de ramilles d'arbres, qui sont peu susceptibles d'entretenir l'humidité. Lorsque les feuilles céderont à leur épuisement, on coupera les tiges par un beau temps sec. Un peu plus tard on enlèvera les racines, on les laissera exposées au soleil tant qu'il durera, puis on les rentrera le même jour avant la nuit.

Ces arrachis des tubercules exigent des soins et quelques précautions. Pour ne point blesser ces racines, on commence par écarter la terre qui recouvre le collet, ce qui permet de voir la direction des gros tubercules. A distance convenable on soulève avec la bêche la masse de racines, jusqu'à ce qu'elles soit hors de terre : il faut bien se garder de brusquer l'opération. Si on attirait à soi la tige, on risquerait de perdre la plante, car cette tige cédant à un effort pourrait entraîner avec elle la caroncule du collet qui recèle les germes, espoir de la saison prochaine.

Si, malgré tous les soins apportés à ces arrachis, quelque tubercule se trouvait coupé, il faudrait le supprimer totalement. Cette amputation aurait moins d'inconvénient, que si on laissait subsister la blessure qui, infailliblement, occasionnerait la pourriture du tubercule. Si l'on avait lieu de regretter l'individu endommagé, on pourrait éviter sa ruine en prenant en considération l'avis de l'un de nos plus habiles praticiens.

Il serait sage, dit-il, de la replanter de suite dans un pot avec bonne terre, de plonger le pot dans une tannée tiède avec cloche ; on la forcera ainsi de repousser immédiatement et elle se maintiendra bien en séve pendant tout l'hiver, alors le dommage sera réparé.

En arrachant les dahlias, le cultivateur conservera avec soin la terre qui se trouvera entre les racines, pour ne point les offenser et pour ne point rompre le collet des tubercules, de ceux surtout qui, étant très-allongés, se trouvent soutenus par cette terre ; ils ne courraient pas le risque de se rompre ou de se tordre, ce qui empêcherait les germes correspondants de s'alimenter. Ces variétés à long col sont en général multiflores. Faute de précautions dans les serres mêmes, elles se conservent mal, se multiplient ensuite fort peu et finissent par disparaître des collections.

Ces précautions paraîtront peut-être minutieuses, car la plante généralement semble très-disposée à s'en passer. Elle craint fort peu une humidité constante, mais elle redoute les humidités lentes et alternatives, qui occasionnent la moisissure et la corruption qui la font périr.

Si l'on maintient les tubercules sans humidité, il faut également préserver leur principe vital d'une chaleur intempestive. A cet effet, on les entoure de paille ou de foin ; on les enfouit dans une couche de sable de rivière ou de terreau sec. Pour les espèces de choix, un mélange de sable de rivière et de terreau sec paraît plus convenable. Il est essentiel, ou du moins très-désirable, que l'endroit où on les dépose soit planchéié ou recouvert de planches, si l'aire est carrelé. On peut les empiler les unes sur les autres, en renouvelant les lits de temps en temps, puis on recouvrira le tout de paille sèche, et en quantité.

On dit qu'il y a des amateurs en Angleterre, qui poussent leur sollicitude jusqu'à se servir de boîte pour conserver les espèces les plus rares, ils les couvrent de sable fin.

Par un excès contraire, beaucoup de personnes, sans beaucoup de prévoyance, les placent dans des fosses ou dans des caves. Elles sont peut-être obligées d'opérer ainsi, lorsqu'elles veulent utiliser une grande quantité d'espèces communes, mais les espèces distinguées méritent beaucoup plus d'attention. Dans les caves, dans les fosses, les étiquettes peuvent se détacher, ou bien on ne leur en met point et les variétés courent le risque de se mêler. Alors il est impossible de les planter avec une parfaite connaissance de leur taille, de leur couleur. Autre inconvénient, faute de pouvoir les inspecter, elles se gâtent et il en résulte une perte réelle.

On conserve ces dahlias en terre sur un em-

9.

placement bien exposé au soleil. La fosse creusée de 35 à 40 centimètres reçoit les racines, que l'on range les unes contre les autres, leurs tiges ayant été coupées à 6 pouces au-dessus de la couronne des tubercules pour ne point nuire aux germes. On recouvre ces tubercules avec la terre de la fosse, sans laisser aucun vide; on couvre le tout avec une bonne épaisseur de feuilles sèches, ou de fougère, ou de fumier long. Les fortes gelées passées, on enlève les couvertures, plus tard on enlève la terre jusqu'à fleur de la couronne des tubercules, afin de hâter la végétation des germes, et aussi pour que les pousses soient mises à l'air avant d'être trop allongées.

Il est à observer que les tubercules qui passent l'hiver en terre, sont plus hâtifs dans le développement de leurs germes, que ceux qui sont restés à racine nue dans une serre, dans une orangerie, où ils se sont un peu desséchés. M. Chauvière les conserve sous les gradins de ses serres à pelargonium et recouverts de terreau. Le trop plein des arrosements des pots qui sont sur les gradins ne leur font point de mal.

MÉRITES DE LA FLEUR DU DAHLIA.

C'est au moment de la pleine fleuraison que se révèle le talent du cultivateur et le goût de l'amateur. C'est l'instant des plus douces jouissances.

D'où naissent ces admirations?... Elles naissent de l'heureuse combinaison et de l'élégante distribution de ces plantes, de l'harmonie et de l'effet pittoresque de leurs couleurs, des formes régulières, du port gracieux de leurs fleurs. Des tailles bien combinées, la différence de volume des fleurs bien harmonisée ne sont plus qu'une transition agréable. L'œil a besoin de se reposer sur une fleur mignonne dont la beauté est parfaite, après avoir été ébloui par ces magnifiques couleurs qui resplendissent sur un disque plus élevé et de plus grande dimension. Tout cet ensemble est beau, mais, l'amateur se complaît encore mieux dans les individualités et dans les détails.

Les amateurs ont leur goût particulier, tous sont exigeants, tous veulent la perfection, et cependant le véritable beau est chose bien difficile à formuler. Il existe aujourd'hui parmi les variétés de dahlias tant de supériorités qu'on ne sait où se fixer. Il est cependant des règles sur lesquelles peuvent s'établir de bons jugements ; mais à côté de ces règles, il y a des rivalités de pays, des monomanies réelles ou systématiques; puis des décisions sévères ou par trop puériles, ou trop minutieuses. La beauté du moment fait trouver des défauts à celle que l'on préconisait l'année précédente. Au milieu de tous ces débats il faut s'en tenir à ces jugements proclamés à l'unanimité par les vrais amateurs et annuellement confirmés par les jurys de nos sociétés horticoles, ce qui ne saurait empêcher chacun d'émettre son avis.

C'est ainsi que l'on dit, par exemple, tout en admirant une variété : ses fleurs sont trop tardives; elles se dérobent trop sous le feuillage, dit un autre. Puis un troisième : quel dommage que sa tige soit si ramifiée, si feuillée! Selon d'autres, dont le goût est plus formé, ses fleurs paraissent trop petites relativement à la hauteur des tiges. Cette proportion paraît choquante à des yeux qui ont vu des dahlias dont les fleurs avaient pour diamètre autant de fois dix ou douze lignes que leurs tiges avaient de pieds de hauteur. On a reproché avec raison à quelques dahlias de porter sur une tige de vingt-quatre à trente pouces des fleurs larges de près de cinq pouces. De belles fleurs françaises et anglaises parfaitement bien conformées et très-bien proportionnées avec leurs tiges ont été admises avec enthousiasme sans pouvoir échapper à la critique, on a donc remarqué qu'elles étaient pendantes, au lieu d'être courbées.

Plusieurs plantes ont été très-recherchées; mais leurs fleurs, disait-on, couvraient de trop près la plante. D'autres fleurs faisant exemple pour leur belle tenue sur leurs pédoncules ont donné lieu à de méchants quolibets. On a cru, enfin posséder le *nec plus ultra*, le *prototype* des dahlias! Cet individu très-bien conformé n'avait que sept à neuf rangs de pétales, il survient de nouveaux dahlias qui en présentent vingt à vingt-cinq rangs très-étoffés ; il n'est plus alors question de ce *criterium*, de ce prototype si merveilleux. C'est ainsi qu'en 1839 la comparaison a fait déchoir une infinité de beautés bien reconnues telles. M. Chauvière, dans son catalogue, a supprimé un grand nombre de variétés, dont le défaut, pour la majeure partie, est seulement d'être plus anciennes que celles qui figurent au nouveau catalogue.

L'anglomanie de quelques cultivateurs français n'a pas peu contribué à ces dépréciations; mais aussi pour être juste, il faut convenir que leurs multiplications sont le résultat d'une culture progressive et très-bien combinée, et il paraît naturel de fêter les dernières venues, lorsqu'elles se présentent avec de nouveaux charmes.

D'ailleurs, tout le monde n'est pas impressionné de la même manière, et malgré les divergences qui se rencontreront dans les différentes appréciations de ces fleurs, il faudra toujours reconnaître leurs qualités essentielles et le caractère d'excellence qui souvent les distingue.

La plante doit être uniforme et bien graduée dans son élargissement depuis sa base jusqu'à son sommet. Point de rameaux à angles droits, traînants ou égarés. La tige doit être bien disposée pour se couvrir de nombreuses fleurs, et ces fleurs doivent se présenter hardiment au-dessus du feuillage supportées par un fort et court pédoncule. La fleur étant la chose capitale, sa forme, sa couleur, sa dimension deviennent les points remarquables sur lesquels reposera le jugement qui décidera de son mérite et de son excellence.

Relativement à la forme, une fleur de dahlia doit présenter un disque parfaitement rond, un cercle extérieur parfait. Son épaisseur doit être en proportion avec sa largeur ; c'est-à-dire d'un tiers à la moitié de cette largeur, ce qui lui suppose un très-grand nombre de rangs de ligules. Six, sept, neuf rangs n'ont plus le droit de nous émerveiller. C'est donc sur les ligules et leur facture, en général, que se dirige toute l'attention du connaisseur. Ces rangées de ligules à partir du centre à la circonférence doivent être égales entre elles en se succédant ; elles doivent s'agrandir insensiblement depuis la première jusqu'à celles qui terminent le disque. La distance entre les ligules de chaque rang doit être graduée; cette graduation doit être serrée, on n'y doit apercevoir aucune interruption, aucune saccade. Chaque ligule doit approcher de la forme sphérique sans aucune disposition à la forme convexe, tuyautée, entaillée et légèrement concave ou courbée. Les ligules doivent se placer les unes sur les autres avec ordre et régularité, couvrant en partie, ou à peu près pour moitié le rang inférieur; en un mot, elles seront comme imbriquées; l'œil ou disque de la fleur ne doit nullement se mettre en évidence.

La *couleur* est également à considérer. Le mérite des fleurs unies consiste dans leur éclat et dans leur pureté parfaite; celui des fleurs rayées, bordées, pointillées, se voit dans la netteté des nuances, dans leur séparation bien tranchée, de sorte que les pluies ni le soleil ne puissent les fondre ni les embrouiller.

Les ligules peuvent également se présenter sous forme d'écailles, de cornets ou d'oreillettes revêtus d'une seule couleur ou de plusieurs, ou misérablement fléchir sous l'influence solaire.

La *dimension* a été envisagée sous quelques données qui n'ont rien de très-positif. Une fleur ne paraît jamais trop grosse lorsqu'elle est bien conformée, et agréablement colorée; c'est ce qui ne se rencontre pas toujours. On leur trouve assez rarement cette forme parfaitement sphérique et cette proéminence du centre et ces pétales fins, réguliers qui rendent si intéressante une fleur de moindre dimension.

Après avoir reconnu ce qui peut rendre une fleur

de dahlia parfaite, voyons ce qui doit motiver l'indifférence pour celle qui ne réunit pas toutes ces perfections.

Celles qui ne conservent pas tous leurs avantages pendant toute la saison florale, c'est-à-dire celles dont les dimensions s'amoindrissent, ou qui présentent des fleurs avec leurs disques sans ligules, ce qui occasionne un vide désagréable à l'œil, défaut qu'un cultivateur saura bien apprécier s'il est remarqué avant l'époque de la mi-octobre ; car, après ce mois, les dahlias les plus beaux sont naturellement fort épuisés si leur développement a pu éprouver quelques contrariétés. Celles dont le centre présente des protubérances quand les ligules se trouvent étouffées par des écailles. Celles qui sont rares sur la tige ou très-tardives ; enfin, celles dont les pédoncules ne les détachent pas assez de leur feuillage.

CONCLUSION.

Le dahlia, avons-nous dit dans notre introduction, est l'un des plus beaux mérites de la culture horticole. Ce mérite étant partagé entre nous et l'étranger, nous engageons nos horticulteurs français à user de tous leurs moyens pour faire pencher la balance de leur côté. Leur zèle, leur discernement les distingue éminemment, leur talent ne saurait être contesté ; mais, ce n'est pas assez ; lorsqu'il y a rivalité il faut ev enir supérieur. Notre climat présente des avant tages réels et constants qui doivent faciliter leurs efforts...... ils le savent très-bien, mais dominés, si j'ose le dire pour un grand nombre, par un intérêt personnel, par des habitudes routinières et par une timidité qui les empêche très-souvent, dans nos réunions, d'émettre leurs pensées, ils semblent en définitive, craindre de se familiariser avec cette noble idée qui considère l'agriculture comme la plus importante de toutes les sciences, et comme l'art le plus honorable. Nous disons craindre, au moins jusqu'à ce jour; car ils ont tellement le sentiment de cette noble pensée, qu'ils ont formé une société horticole, composée des seuls praticiens marchands.

Selon nous, cela n'est pas suffisant, même dans leur intérêt immédiat. On aperçoit là un petit motif d'amour-propre qui semble devoir les écarter du contact immédiat de la science. Cette science ne peut cependant que venir en aide à la pratique, et ils ne peuvent s'en passer s'ils désirent sincèrement l'emporter sur leurs rivaux.

Nous sommes loin de blâmer la simplicité de mœurs de beaucoup de nos horticulteurs, ainsi que leur réserve; cependant, nous leur disons qu'un peu plus d'extérieur et d'animation les mènerait beaucoup plus loin et en moins de temps. Ils pourraient alors ne pas se tenir à la remorque de nos voisins, ils pourraient hautement avouer leurs œuvres, que plusieurs d'entre eux croient ne pouvoir offrir à l'admiration et au commerce, que sous des noms empruntés à l'étranger; et encore le même individu porte-t-il quelquefois deux noms différents, ce qui peut diminuer la confiance des amateurs.

Ces détails ne sont rien, il faut en convenir, à côté de l'importance réelle et principale de cette culture. Il est évident que les moyens d'y obtenir une grande supériorité, ne se rencontrent que dans la pratique des semis, et tous nos cultivateurs ne sont pas toujours en position d'employer à ces opérations de grands terrains comme le font nos voisins. On sait qu'il en est qui consacrent pour les semis plus de vingt arpents de terre. Observons que le luxe d'exploitation pour la spécialité du dahlia pourrait se réduire beaucoup, si on n'employait pas toutes les graines récoltées au boisseau. C'est un écueil que savent déjà éviter beaucoup d'amateurs français qui ne veulent utiliser que des graines de choix, partant de ce principe qu'il faut, avant tout, élever de bons et beaux porte-graines, pour les obtenir avec plus de certitude, sur une étendue moins considérable de terrain.

Il est de fait, cependant, que les semis sur une très-grande échelle donnent toujours quelques sujets extraordinaires et remarquables. Ils dédommagent de ces grands frais, par les hauts prix qu'on leur impose et par leur prompte multiplication.

Sans doute notre culture française a fait de grands progrès depuis un demi-siècle; mais ces progrès se sont effectués avec une lenteur désolante, et elle ne jouit pas des avantages qui devraient en résulter pour nos horticulteurs. En général, les plus actifs d'entre eux ont plus tôt fait de se procurer des produits étrangers; il en est même qui s'en font gloire dans nos expositions nationales.

Le public admire le beau partout où il lui apparaît;

il l'accepte sans discussion, il s'embarrasse fort peu que l'horticulteur veuille bien s'effacer pour lui plaire. Aussi ce bel art, chez nous, devient quelquefois une espèce de courtage... le cultivateur hors d'état de faire des semis, recueillerait cependant plus d'honneur et autant de profit en perpétuant avec ardeur et avec son talent accoutumé les semis français.

Nous voyons avec joie nos amateurs français et quelques horticulteurs distingués, faire leurs efforts pour remédier à des travers si fort éloignés de l'esprit national et de l'intérêt du pays. Ils se livrent avec ardeur à des semis de dahlia en grand; ils y apportent une sagacité remarquable, des talents bien prononcés et toutes les combinaisons des croisements qui peuvent procurer à notre fleur cette excellence que quelques-uns s'obstinent à ne vouloir reconnaître que hors de leur pays.

Que l'on sache bien que ceux dont on parle sans cesse doivent nécessairement prévaloir, si leurs rivaux se taisent; et si parmi ces muets volontaires il s'en trouve qui n'ont pas honte d'atténuer les résultats français, pour exalter sans mesure ceux de l'étranger, on voit de plus en plus s'éloigner les chances de prédominance.

Que le cultivateur timide se donne donc quelque mouvement. S'il sent son insuffisance en théorie, qu'il ait au moins le bon sens d'élever son enfant dans sa pratique de culture, tout en le familiarisant avec la science, et en le mettant en contact avec les amateurs instruits; s'en éloigner volontairement, c'est vouloir se montrer par trop indifférent, et perdre toute son énergie au profit d'autrui.

Notre Société royale d'horticulture, dont les vues pour la prospérité de l'industrie de notre pays sont larges et tout à fait nationales, a fait preuve dernièrement d'une grande sagacité en couronnant une exposition de pensées de semis français, en parallèle avec une semblable collection de culture anglaise. Certes l'encouragement a porté ses fruits. L'auteur de cette culture toute française (M. Ragonot-Godefroi) ne nous a-t-il pas enrichis, depuis ce temps, d'une *méthode* très-ingénieuse et d'un traité sur la culture spéciale des *œillets*, qui donnent à cette fleur un éclat qui la fait rechercher plus que jamais?

Que nos horticulteurs fassent donc également tous leurs efforts pour acquérir à notre dahlia toute l'excellence dont il est susceptible... « Mais, dit-on, les encouragements manquent..... » et « à Londres, les amateurs sont riches et nombreux...» C'est vrai... Mais, ne voit-on pas que dans les pays où l'amour-propre joue un si grand rôle, la fleur doit être exclusivement belle lorsqu'elle coûte cher.

L'horticulteur anglais a de continuels rapports avec les nombreuses sociétés horticoles disséminées dans les provinces. Il envoie un même dahlia sur douze points différents. Pour satisfaire cet esprit démesuré de primer, ces sociétés accordent une médaille en or de la valeur de 300 francs à une seule fleur, lorsque chez nous le jury, ne portant son jugement et son approbation que sur une collection entière bien méritante, encourage noblement, il est vrai, la culture, mais ne fait peut-être pas assez, suivant nous, puisqu'il ne signale pas les fleurs les plus admirables qui pourraient particulièrement enrichir le commerce et contenter l'amour-propre du plus simple cultivateur.

Nos voisins ont très-bien calculé leur affaire, car, couronner une seule fleur dans trente sociétés, c'est faire un appel aux bourses les plus riches, aux vanités les plus exaltées. Une fleur s'acquiert avec facilité mais pas une collection entiére.

De son côté, l'horticulteur anglais, très-actif, très-intelligent, et aussi très-intéressé, propage autant qu'il peut le goût de cette culture jusque dans les moyennes classes. Les manufactures, en ce pays, sont très-nombreuses et très-populeuses; les ouvriers possèdent presque tous de petits jardins où ils prennent plaisir à cultiver des fleurs de préférence à des plantes potagères. Les cultivateurs de dahlias, en visitant ou en faisant visiter très-fréquemment par leurs agents ces petits jardinets, accaparent les individus les plus remarquables et s'en donnent tout le mérite et le profit. Le hasard vient ainsi souvent fort à leur aide.... On observe ici le génie éminemment commercial de la nation.

Malgré cette grande activité de nos voisins, ne sont-ils pas nos tributaires pour les rosiers, et pour beaucoup d'autres plantes d'agrément? Ils les payent bien, mais ils nous nomment fort peu souvent. Si l'industrie chez eux est agissante, l'art chez nous n'est pas étranger.

Portons hardiment nos regards sur nos produits français, ne pouvons-nous pas citer, ne devons-nous pas témoigner notre reconnaissance à plusieurs de nos amateurs français qui emploient noblement leur fortune en semant le dahlia sur une grande échelle... Ne voyons-nous pas à leur tête, M. Desprez, à Yèbles, canton de Guignes (Seine-et-Marne); puis MM. Guenoux, à Voisenon, près Melun (Seine-et-Marne); Baron de Cressac, à Metz; Desfontaines, à Noisy-le-Roi, près Versailles (Seine-et-Oise); Dubourg, à Vaucresson près Versailles (Seine-et-Oise); Chereau, à Écouen (Seine-et-Oise); Deschiens, à Versailles (Seine-et-Oise)?

Reportons-nous également aux expositions françaises, ne nous ont-elles pas offert des dahlias admirables, bien qu'en rivalité avec les plus beaux dahlias venus d'Angleterre? Rappelons-nous ces belles collections couronnées par le jury de la Société royale d'horticulture de Paris, et parmi lesquelles on voyait figurer assez de semis français pour encourager les horticulteurs.

Nous ne cesserons donc de combattre ces idées puériles, anti-nationales, et même, nous pouvons le dire, surannées, qui consistent à accorder plus de mérite à ce qui vient de l'étranger, qu'à ce qui sort de nos propres mains. Que nos horticulteurs considèrent seulement l'intérêt de l'horticulture française, qu'ils écoutent davantage la voix de leur amour-propre, et que se fiant, comme ils le doivent, sur leurs talents et sur leur vive et pénétrante intelligence, ils agissent à l'avenir avec plus de hardiesse, et nous pourrons leur prédire un beau triomphe dont leurs précédents succès nous sont déjà un sûr garant.

FIN.

TABLE DES MATIÈRES.

FIN DE LA TABLE.

PARIS. — IMPRIMERIE DE FAIN ET THUNOT,
Rue Racine, 28, près de l'Odéon.

Pl. I. *Racines tuberiformes — Séparage.*

Pl. II. *Premières fleurs obtenues en Europe.*
3 à 6. *Détails de la fleur du Dahlia.*

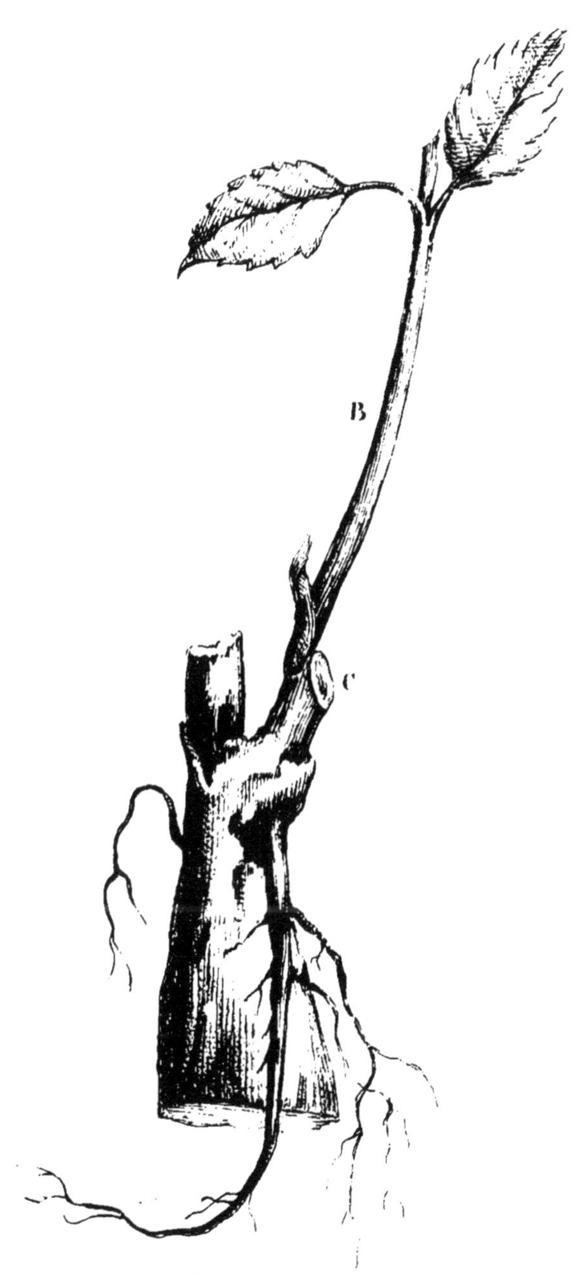

Pl. III. Végétation.

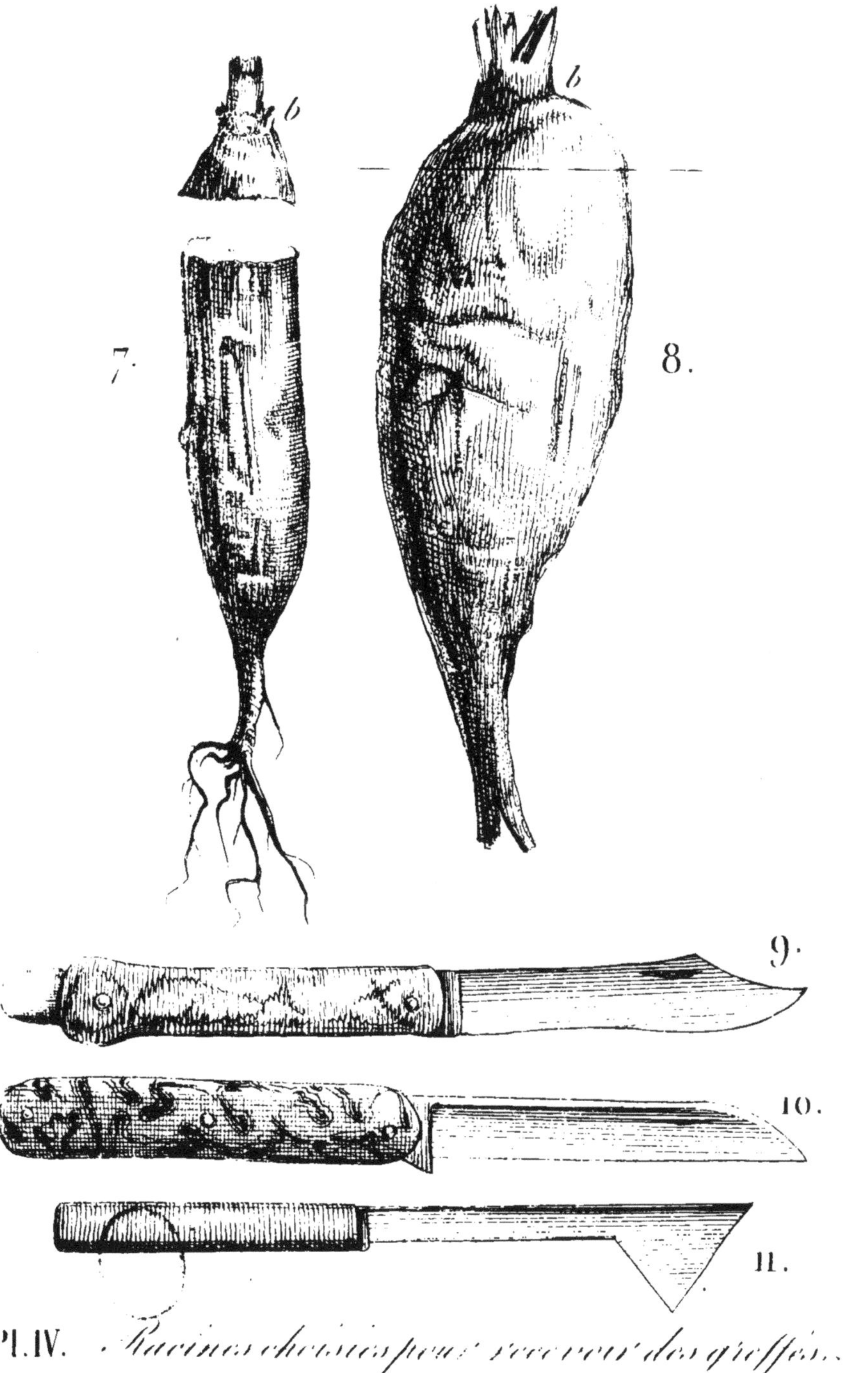

Pl. IV. *Racines choisies pour recevoir des greffes.*
Outils pour greffer et pour séparer.

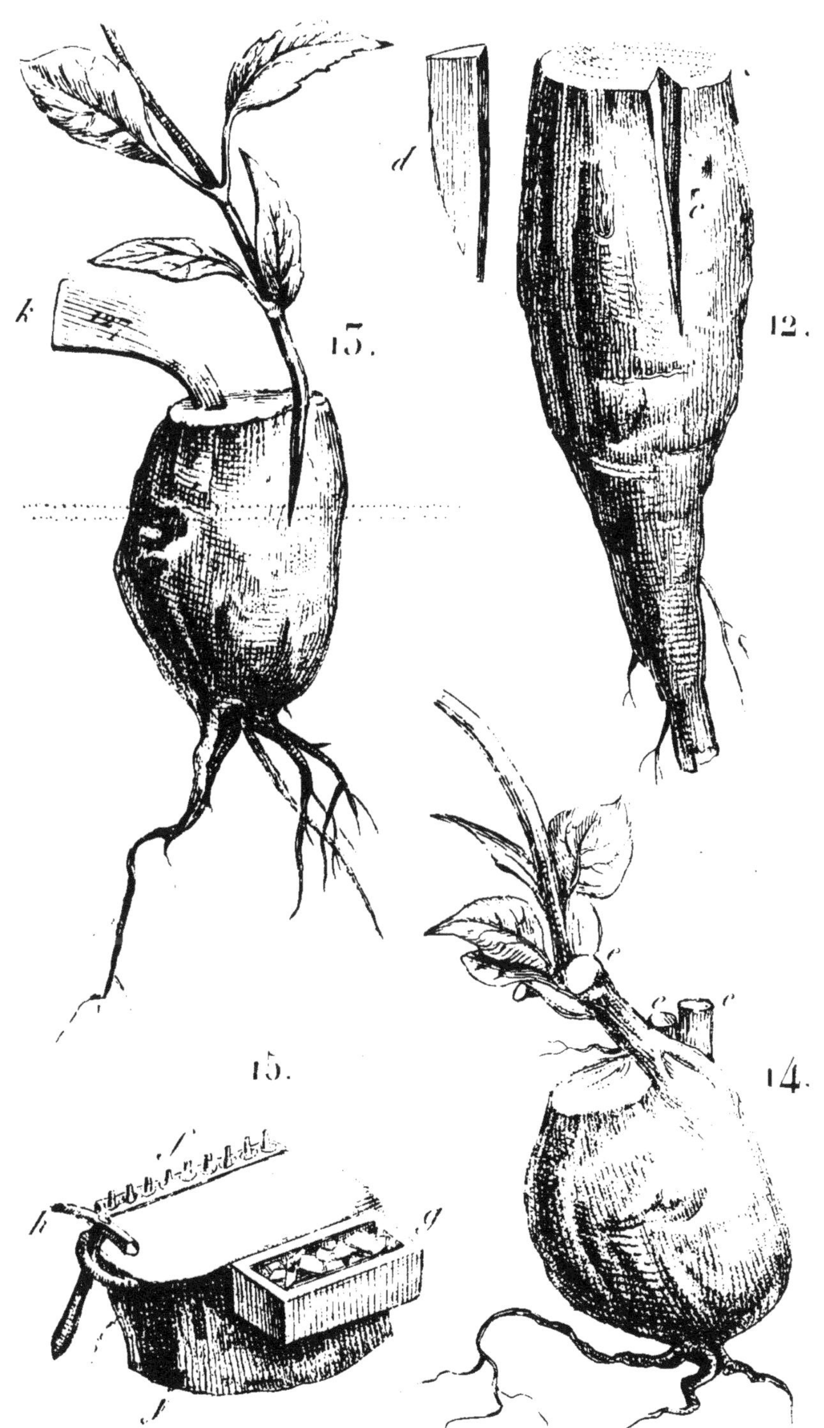

Pl. V. *Greffe sur tubercule — Etiquettes.*

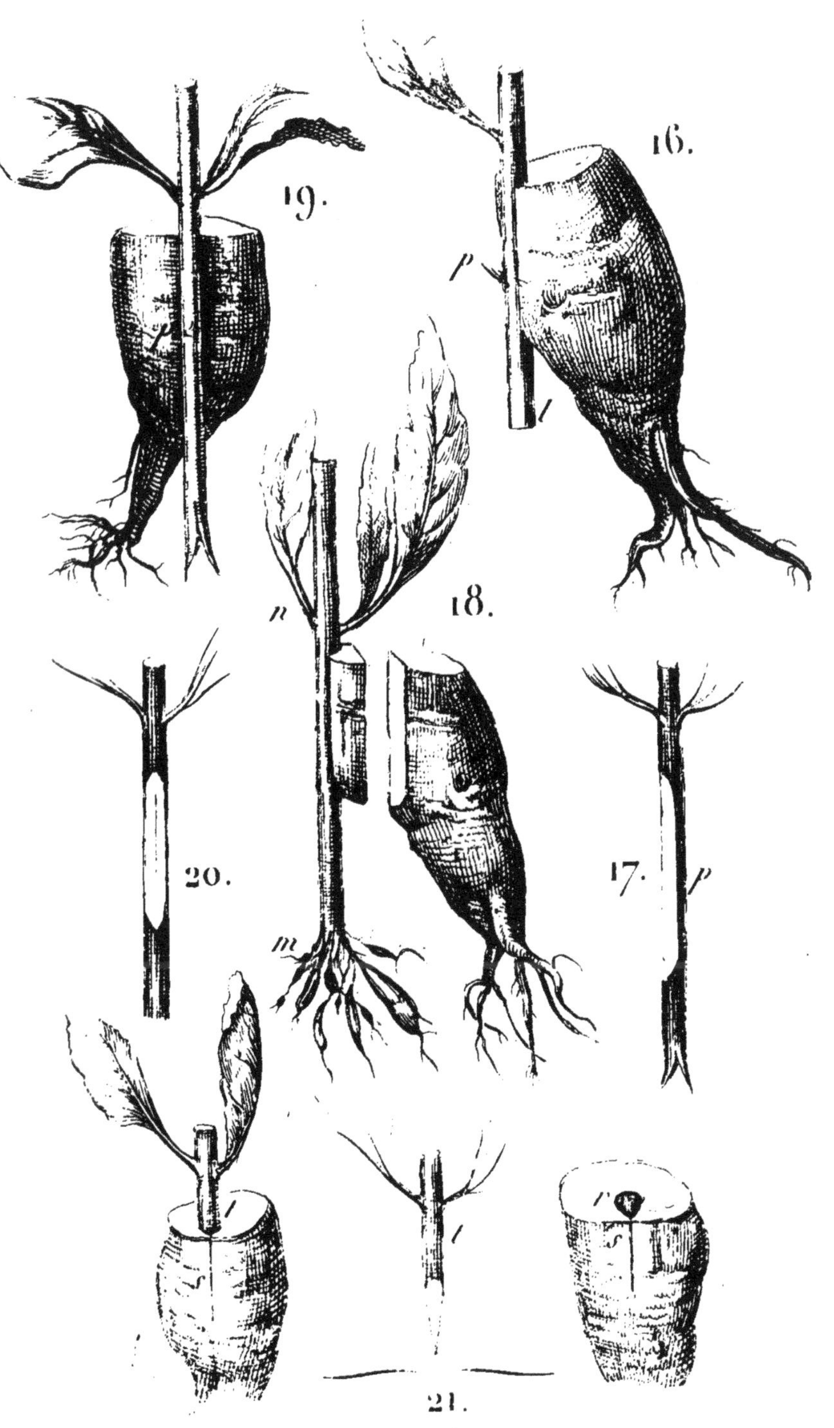

Pl VI. Greffes.

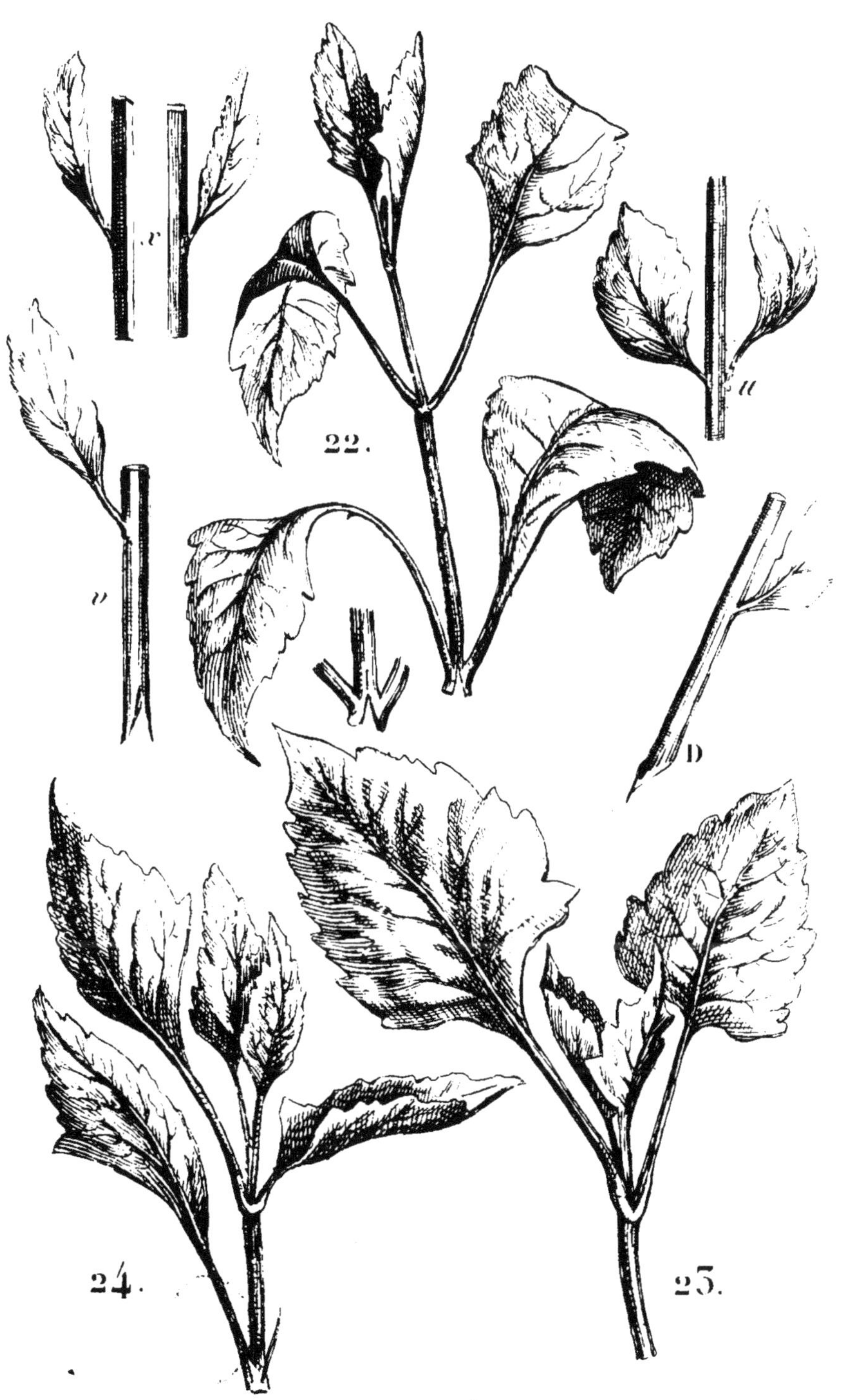

Pl. VII. *Boutures.*

28.

29.

27.

25.

26.

Pl. VIII. *Boutures.*

www.ingramcontent.com/pod-product-compliance
Ingram Content Group UK Ltd.
Pitfield, Milton Keynes, MK11 3LW, UK
UKHW020916180726
13838UKWH00002B/579

9 782329 345383